KB019803

한 권으로 이해하는 OLED & LCD 디스플레이

ZUKAI NYUMON YOKU WAKARU SAISHIN YUKI EL&EKISHO PANEL NO KIHON TO SHIKUMI
by Katsuhiro Saito

First published in Japan in 2020 by Shuwa System Co., Ltd.
This Korean edition is published by arrangement with Shuwa System Co., Ltd, Tokyo in care of Tuttle-Mori Agency, Inc., Tokyo through Enters Korea Co., Ltd., Seoul

한 권으로 이해하는 OLED & LCD 디스플레이

사이토 가쓰히로 지음
권오현, 오가윤 옮김

우리 집의 브라운관 TV가 평판 TV로 바뀐 건 2005년 즈음이었습니다. 당시 TV는 브라운관이 일반적이었고, 평판 TV 분야에서는 액정(LCD) TV와 플라스마(PDP) TV가 각축전을 벌였습니다.

차세대 TV가 어떤 모습일지 궁금증이 높아지는 가운데 PDP TV는 모습을 감추고, 대신 오엘이디(OLED) TV가 등장했습니다. 한때 화제를 모았던 3D-TV 또한 최신 제품에서 밀려났습니다. 최근에는 LCD와 OLED라는 선택지 외에도 4K, 8K 같은 해상도 이슈가 대두되는 듯합니다.

이 책에서는 이렇듯 흥망성쇠가 심한, 다양한 디스플레이 형태를 소개하고자 합니다. 현재 화제의 중심에 서 있는 디스플레이를 꼽자면 단연 OLED일 것입니다. OLED는 LCD와는 구동 원리가 완전히 다릅니다.

LCD는 그림자 원리라고 할 수 있습니다. 빛을 내는 광원(Back Light Unit) 앞에 있는 액정(Liquid Crystal) 분자들의 배열 변화를 통해서 화면을 표시합니다. 이에 반해 오엘이디(OLED, 유기 발광 다이오드)의 경우, 유기 분자 스스로가 발광하는 원리를 이용하여 화면을 구성합니다. "유기 분자가 스스로 발광한다"라는 말이 생소하게 들릴지도 모르겠습니다. 하지만 우리 주위를 보면 반딧불이나 야광충, 발광버섯 등 스스로 빛을 내는 생물체들이 다수 존재하는데, 이러한 빛을 내는 생물체들은 사실은 유기분자로 구성되어 있습니다.

이 책에서는 "OLED에 사용되는 유기 분자는 어떻게 발광하는가?"라는 기초적인 문제에서 시작하여 OLED 디스플레이와 다른 디스플레이들의 원리와 구조를 알아보고자 합니다. 또한, 디스플레이 관련 업계의 최신 동향 등 디스플레이에 관한 가장 새로운 내용 또한 폭넓고 이해하기 쉽게 소개합니다.

이 책이 독자 여러분께 도움이 되기를 바랍니다.

사이토 가쓰히로

차 례

제3장 OLED 디스플레이 제작 방법

제4장 액정 분자의 성질과 특성

제5장 LCD 디스플레이의 원리

제6장 그 외의 다른 디스플레이

제0장

최신 디스플레이 시장과 변화

이 장에서는 지난 수십 년 동안 디스플레이를 둘러싼 상황이 어떻게 변화했는지 서술함과 동시에 디스플레이의 종류와 기술의 진보를 설명하며 기초 지식을 알려주고자 한다. 더불어, 과거에는 일본이 압도적인 존재감을 자랑하던 가정용 TV, 컴퓨터 모니터 시장이 현재 어떠한 동향을 보이는지에 대해서도 이야기하고자 한다.

0-1 디스플레이 시장 환경

이 책을 시작하면서, 지난 수십 년 동안 디스플레이를 둘러싼 상황이 어떻게 변화했는지에 대해 간단히 이야기해보자.

30여 년 전, 일반 가정집에서 사용하던 TV는 30cm×40cm 정도의 커다란 상자 형태로, 내부에는 '브라운관'이라고 부르는 크고 무거운 전구 같은 기계부품이 들어 있었다. 이러한 크고 무거운 박스를 혼자 옮기는 건 당시에는 아무도 상상할 수 없던 일이었다.

하지만 지금의 TV는 두께가 5cm도 안 될 정도로 얇다. TV 화면을 구성하는 장치인 디스플레이 패널의 무게가 브라운관 TV 때와는 비교할 수 없을 정도로 가벼워졌기 때문이다. 이제 4~6인치 크기의 디스플레이 장치는 스마트폰에, 10인치 전후는 태블릿/패드에, 15인치 전후는 노트북에 적용되는 등 자유롭게 휴대와 이동이 가능한 시대가 되었다.

● **가볍고 얇아진 디스플레이**

신규 제품

디스플레이 분야에서는 계속해서 새로운 기술이 개발되고 있다. 30년 전까지만 해도 브라운관 형태가 주류였지만 TV의 슬림화와 함께 액정LCD 타입과 플라스마PDP 타입으로 대세가 바뀌었고, 플라스마 타입은 다시 액정 타입과의 가격 경쟁에서 살아남지 못해 디스플레이 시장에서 모습을 완전히 감췄다. 현재는 시장 경쟁에서 살아남은 액정, 그리고 새로운 바람을 일으키고 있는 오엘이디OLED가 시장을 점유해나가고 있다.

디스플레이 기술은 종종 특수한 목적으로 사용되기도 하는데, 이러한 기술이 시장에서 개선을 거듭한 끝에 성능이 더 좋아지기도 하는 반면, 몇몇 기술은 자취를 감추기도 했다.

● **가정용 TV를 통해 알아보는 디스플레이의 변화(소니 제품 위주)**

23개의 트랜지스터와 19개의 다이오드를 탑재한 세계 최초 직시형 트랜지스더 모노그롬 TV 「V8- 301(1960년 출시)」

소니의 독자적인 트리니트론 브라운관을 사용한 컬러 TV 「KV- 1310(1968년 출시)」 1960년대 발매된 TV는 다이얼이 한데 모여 있는 집약형이었다.

비디오카세트플레이어 등장과 함께 모니터로 사용되었다. 사진 속 제품은 비디오, 문자 다중 방송 등 다채로운 AV 송출에 대응할 수 있는 「KX-27HF1(1980년 출시)이며 TV 튜너나 스테레오 오디오 기능 등이 추가되었다.

1990년에는 하이비전 대응이 가능한 TV 바람이 불었다. 위 사진은 36인치 HD트리니트론 「KW- 3600HD(1990년 출시)」 제품이다.

시장은 마치 새로운 기술을 심사하고 평가하는 자리와도 같다. 어떤 기술이 살아남을지 사라질지는 시장의 흐름에 달려 있다. 이 때문에 시장 동향을 꾸준하게 주목해야 한다.

컬러 액정 등장과 함께 TV 또한 브라운관에서 액정으로 전환기를 맞았다. 사진은 WEGA 초기 모델 「KLV-17HR1(2002년 출시)」이다.

소니에서 세계 최초로 발매한 OLED TV. 「XEL-1(2002년 출시)」

최근에는 고화질 및 대형 사이즈 화면을 선호함에 따라 50인치 이상의 TV를 가정에서 구매하는 현상이 확산되었다. 사진 속 제품은 84인치 4K 액정 TV 「KD-84X9000(2012년 출시)」

고화질 및 화면 사이즈 대형화에 더해 제품들이 점점 더 가벼워지고 있다. 액정 및 OLED TV 보급에 따라 사진과 같은 벽걸이형 타입도 점점 더 늘어날 것이다. 사진 속 제품은 4K 65인치 OLED 「KJ-65A9G(2019년 출시)」

고성능 제품

시장은 항상 성능이 좋은 제품을 원한다. 성능이 우수한 제품과 그렇지 않은 제품이 동시에 존재할 때 시장의 반응은 냉혹하다. 그리고 한번 시장에 제품이 나오면, 유행에서 빠르게 벗어날 운명에 놓이게 된다.

아무리 좋은 제품을 내놓는다고 해도 계속해서 더 좋은 제품을 만들어내지 않으면 안 되는 것이 제품 기술의 운명이라 할 수 있다.

저가격 제품

“새롭고 성능이 좋으면 시장에서 통한다”고 생각할지도 모르겠지만 생각처럼 호락호락하지는 않다. 같은 성능이면 더 저렴한 제품, 또는 예쁜 디자인의 제품이 더 잘 팔리는 건 당연하다.

디자인은 소비자의 취향에 따라 반응이 다양할 수 있지만, 가격은 그렇지 않다. 특히 최근에는 우리들의 눈을 의심할 만큼 저렴한 가격의 제품이 외국에서 수입되고 있다.

가격 경쟁력을 높이려면 100원이라도 더 저렴한 제품을 만들어야 한다. 성능 면에서 경쟁을 한다면, 좀 더 우수한 성능을 확보하여 소비자에게 충격을 줄 수 있는 제품을 만들어야 한다.

0-2

디스플레이의 종류

디스플레이에는 액정(LCD) 타입과 오엘이디(OLED) 타입 이외에도 플라스마(PDP) 등 다양한 종류가 있다. 여기서는 디스플레이의 종류에 대해 정리해보자.

완전히 다른 원리와 다른 종류의 재료로 디스플레이를 구현한다 해도 제품화된 디스플레이들은 모두 같은 성능을 구현한다. 주요 디스플레이 종류로 액정LCD, 플라스마PDP, 오엘이디OLED 등이 있는데, 이 세 가지는 각각 전혀 다른 구동 원리를 갖지만 가전제품 판매점에서 제품을 볼 때는 거의 차이가 보이지 않는다. 같은 제품을 만드는데 전혀 다른 세 가지 기술을 개발 및 개선하는 것이 시간 낭비라고 여겨질 수도 있지만, 공업 제품 분야에서는 때때로 이러한 일들이 발생한다.

디스플레이 분류

뒤 페이지 표는 현재 출시된 주요 디스플레이 종류를 정리한 것이다. 크게는 브라운관CRT과 슬림형FPD으로 나눌 수 있다. 그리고 FPD 타입에서도 액정 타입, 플라스마 타입, OLEDEL로 세분화된다.

● **디스플레이의 종류**

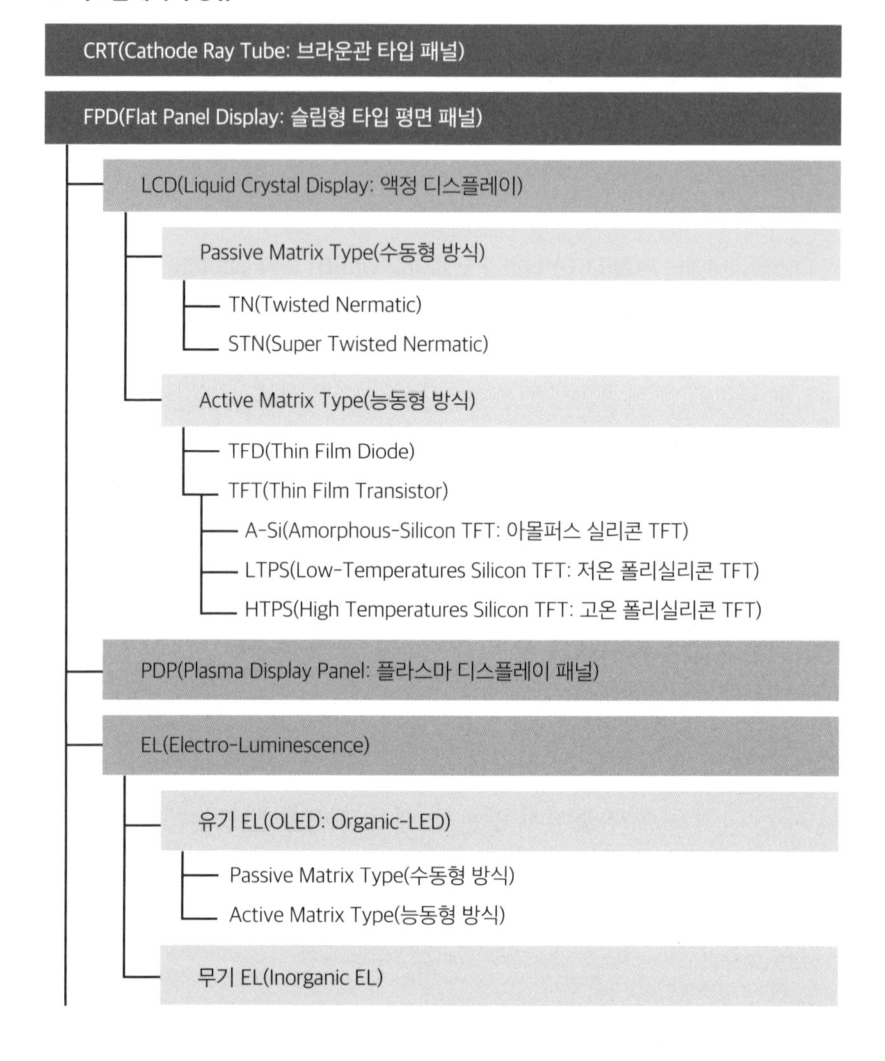

액정 타입은 디스플레이 패널 구동 방법 차이에 따라서 수동형PM 방식과 능동형AM 방식으로 나뉜다. 또한, EL에는 최근 자주 언급되는 유기물 발광체를 사용한 유기 EL OLED와 무기물 발광체인 LED를 사용한 무기 EL이 있다.

원리의 차이

액정 타입은 간단하게 말하면 그림자와 같다. 빛을 내는 광원Back Light Unit 앞에서 액정 분자Liquid Crystal의 배열이 변화하면 액정 분자의 그림자가 이미지를 만들게 된다. 그리고 컬러 필터를 사용해서 다양한 색상의 빛을 구현하게 된다.

플라스마 타입은 미세한 형광램프 몇백만 개를 규칙적으로 배열한 구조이다. 이 경우에도 컬러 필터를 사용하여 다양한 색상의 빛을 구현한다.

OLED는 빛을 내는 광원을 사용하지 않고, 유기물 발광체에 전기를 통하여 발광하는 원리이다. 빛의 삼원색 즉, 적색, 녹색, 청색의 빛을 내는 유기물을 사용하기 때문에 LCD나 PDP처럼 컬러 필터가 기본적으로 필요하지 않다. 따라서 가장 얇으며, 가볍고 유연한 디스플레이를 만들 수 있어 다양한 제품 형태가 가능한 방식이다.

0-3 고화질 디스플레이를 향한 도전

디스플레이 기술 개발은 하이비전(Hi-Vision, HD) 또는 4K, 8K와 같은 고화질 디스플레이 해상도 구현을 위해 진행되어왔다. 여기서는 각 디스플레이 기술의 차이에 대해 알아보자.

디스플레이에 요구되는 기술은 다양한데 그중 가장 기본적인 성능이 바로 깨끗하고 아름다운 고화질 화면과 선명한 컬러일 것이다. 특히 주목받고 있는 4K, 8K TV가 바로 이러한 기술을 구현한 제품에 해당한다.

4K, 8K TV

현재 우리 주변에 보이는 일반적인 TV는 풀하이비전FHD으로, 이름에서 유추할 수 있듯 고화질이라고 말할 수 있는데, 4K, 8K TV는 FHD-TV보다도 더 고해상도 성능을 가지고 있다.

4K, 8K는 4킬로kilo: 4000, 8킬로8000라는 의미로, TV 화면의 픽셀pixel 중에서 가로로 배열된 픽셀의 개수를 의미한다. FHD-TV는 2K에 상당하며, 픽셀 수가 가로 1920약 2000, 세로가 1080으로 전체

● **디스플레이 고해상도 차이**

가까이에서 화면을
살펴보면 차이가 두드러진다.
※ 참고용 이미지

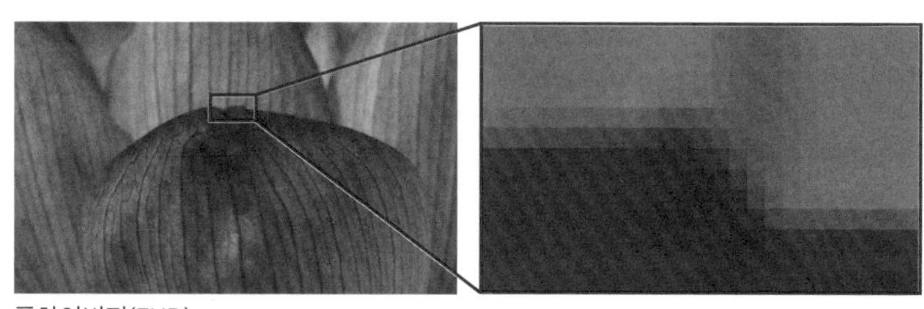

풀하이비전(FHD)

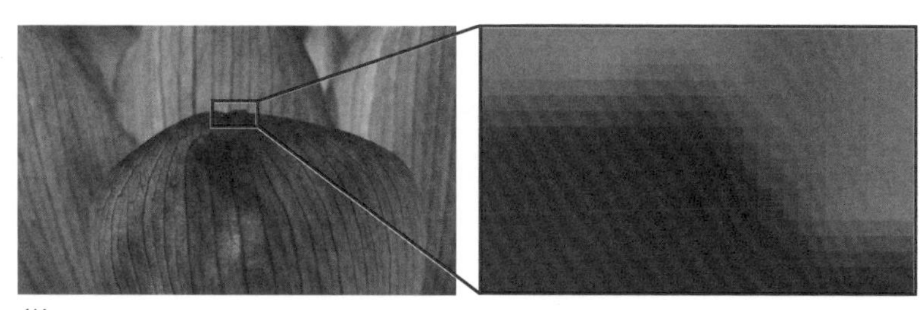

4K

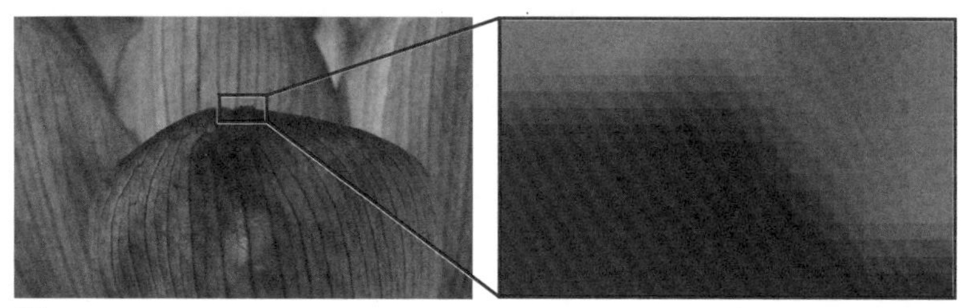

8K

픽셀 수는 1920×1080=2,073,600으로 약 200만 픽셀을 갖추고 있다.

4K의 경우에는 가로가 3840, 세로가 2160으로 세로와 가로 모두 2K에 비해 두 배 높은 화질 구현이 가능하며 픽셀 수는 800만 화소로 약 네 배에 달한다. 8K는 가로 7680, 세로 4320이며 픽셀 수는 3300만으로 16배에 달한다.

화면

픽셀 수가 많으면 많을수록 고화질의 선명한 디스플레이를 구현하는 것이 당연하다. 앞 페이지 그림은 연꽃 사진인데 멀리서 TV를 볼 때는 차이가 크게 느껴지지 않지만, 가까이에서 보면 차이점이 크다. 이러한 차이는 화면이 크면 클수록 더 확실하게 구분할 수 있다.

디스플레이는 가정용 TV나 컴퓨터 모니터의 활용에만 국한되지 않는다. 최근에는 병원에서 수술을 할 때도 정밀한 부분은 육안이 아니라, 카메라로 촬영한 것을 확대한 디스플레이를 보면서 의사가 수술을 진행한다. 수술 부위를 카메라로 찍은 뒤 확대해 디스플레이를 통해 확인하는 과정을 가지는 것이다. 또한, 원격 수술에도 디스플레이를 도입해 활용하고 있다. 따라서 고화질 디스플레이에 대한 요구는 점점 더 높아지고 있다.

0-4

새로운 디스플레이 기술 개발

시장에는 계속해서 신제품이 출시되고 있으며, 새로운 기술을 도입한 방식과 기존 기술을 개선한 방식으로 제품군이 나눠진다. 이에 대해 알아보자.

디스플레이 기술 개발은 하루가 다르게 발전하고 있다. 계속해서 새로운 형태의 디스플레이가 시장에 등장하고 있으며 그중에는 완전히 새로운 디스플레이 기술을 적용한 경우도 있지만 기존 기술을 개량한 경우도 있다.

새로운 원리를 적용한 기술

최근에는 브라운관 TV와 같은 제품을 더 이상 매장에서 찾아볼 수 없다. 디스플레이 시장은 그만큼 극적으로 변하고 있다. 이 정도로 극적인 변화가 필요한지에 대해서는 차치하고, 아무튼 디스플레이 시장이 빠르게 변화하고 있다.

액정과 플라스마가 시장에서 경쟁하나 싶더니 어느새 플라스마 디스플레이가 자취를 감추었고, 대신 OLED가 새롭게 시장에서 주목받

● **브라운관 TV와 슬림형 TV 일본 국내 출하량 추이**

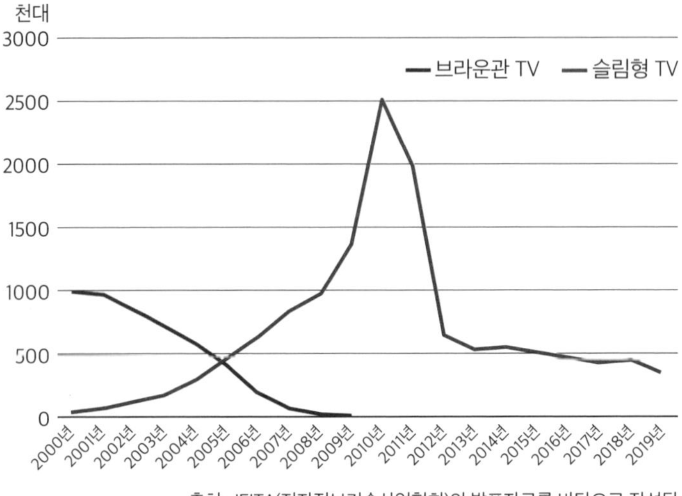

출처: JEITA(전자정보기술산업협회)의 발표자료를 바탕으로 작성됨

고 있다. OLED를 사용한 롤업Roll-Up TV 외에도 지구와 같이 둥근 구면球面 디스플레이 제품이 나올지 모른다. 또한, 야외에 설치된 초대형 디스플레이의 경우에는 또 다른 새로운 기술이 개발되고 있다. 개발을 담당하는 기술자가 숨 돌릴 틈이 있을까 싶을 정도로 다양한 연구 개발이 이루어지고 있다.

개량에 초점을 둔 기술

가전제품 판매점에서 판매하고 있는 TV들을 들여다보면, 가정용 TV 시장에서는 4K, 8K 시대가 도래하고 있다. 4K, 8K는 기본적으로 고화질 제품군에 속하며 원리적으로 꼭 새로운 기술을 적용한 디스플레이는 아니다. 그러나 이러한 TV를 새로 사고 싶다고 생각하는 사람은 액정과 OLED 이외에도 기존 디스플레이, 혹은 4K, 8K 해상도와 같은

● **가전용품 판매점 TV 코너**

다양한 선택지를 가질 수 있다. 디스플레이는 종류, 형식이 다양한 것뿐만 아니라 가격 또한 선택지가 넓다. 외국산 제품 중에는 귀를 의심할 만큼 저렴한 가격의 제품도 있다. 싼 가격이라도 의외로 가격 대비 성능이 우수한 제품도 있다.

0-5

일본과 세계 제조업체의 경쟁

과거 가정용 TV 시장은 일본 기업들이 거의 패권을 장악하고 있었다. 하지만 최근에는 어떠할까? 여기서는 일본과 세계 시장에 대해 알아보자.

액정Liquid Crystal은 1888년 오스트리아에서 최초로 발견되었다. 액정 물질을 사용하여 미국 RCA 연구소가 액정 디스플레이LCD를 발명한 것이 1968년이다. 액정 물질이 발견되고 나서 80년 이상이 지나서야 액정 디스플레이가 본격적으로 개발되기 시작한 것이다.

● **최초로 액정 디스플레이를 발명한 RCA 연구소**

● 세계 최초로 액정 디스플레이를 탑재한 상품

출처: '샤프' 홈페이지

일본의 활약

LCD 디스플레이를 당시 탁상용 전자계산기에 적용하여 상품으로 출시한 업체가 바로 일본의 전자기기 제조업체 '샤프'다. 1973년, LCD 디스플레이가 발명된 뒤 불과 5년 뒤에 출시된 제품이었다. 그 뒤, 동영상을 볼 수 있는 TFT Thin Film Transistor 액정을 사용한 3인치 사이즈의 휴대용 TV뿐 아니라 14인치 액정 TV를 사업화하는 데 성공하여 현재와 같은 LCD 디스플레이 전성기의 막을 연 것 또한 일본의 제조업체들이었다.

아시아 기업들의 성장

그러나 이러한 일본의 단독 질주는 20년 정도밖에 이어지지 않았다. 1996년 즈음부터 한국, 1999년부터는 대만이 시장에 뛰어드는 등 수년 사이에 일본의 LCD 디스플레이 생산량은 다른 나라에 추월을 당하기 시작했다. 왜 이런 일이 벌어졌는가는 그동안 수많은 애널리스트들이 분석한 내용에서 그 원인을 알 수 있다.

문제는 이러한 현상이 반복되고 있다는 것이다. OLED 연구 개발은 일본이 전 세계에서 가장 먼저 시작했지만 빠르게 상품화하는 데는 실패했다. 이러한 상황 속에서 일본은 과연 디스플레이 분야에서 한국, 대만, 중국이 그러하듯이 발 빠르게 움직일 수 있을까?

부품 시장

디스플레이 업계는 성능뿐 아니라 가격 경쟁 또한 치열해지고 있다. 제조업체 입장에서는 결코 좋은 상황은 아니다. TV나 컴퓨터 모니터 같은 디스플레이 세트는 액정 패널 또는 OLED 패널을 기반으로 다양한 부품을 조립하여 완성된다. 이러한 디스플레이 패널 생산업체들은 최근 치열해진 가격 경쟁 속에서 살아남기 위해 고군분투하는 반면, 디스플레이 세트에 들어가는 부품을 생산하는 업체들은 모두 순조로운 영업을 이어가고 있는 것 같다.

이렇듯 분위기가 사뭇 다른 이유는 부품을 이용해 디스플레이 세트를 조립하는 과정에 특별한 노하우는 필요 없지만, 부품을 만들 때는 오랜 기간 쌓아온 기술과 이를 유지하고 개량하는 연구 개발이 필요하기 때문이다. 패널 및 디스플레이 세트 시장이 앞으로 어떻게 발전하고 확대, 재편성될 것인지 아직 예단할 수는 없지만 관련 업체 최고 경영자들의 판단이 점점 더 중요해지고 있다고 할 수 있다.

디스플레이 기술은 브라운관에서 시작해 액정(LCD), 플라스마(PDP), 나아가 오엘이디(OLED)까지 크게 변화해왔다. 이와 동시에 크게 바뀐 점이 바로 디스플레이 세트 디자인이다.

브라운관을 사용하던 시절에는 입체적인 브라운관의 사이즈 때문에 40~50cm 정도의 뚱뚱한 직육면체 모양으로 만들 수밖에 없었던 TV가 지금은 플라스틱 케이스의 콤팩트한 모양으로 바뀌었다.

예전에 미국 가정을 방문했을 때 TV 디자인을 보고 놀란 기억이 있다. 높이가 1m나 되는 커다란 가구처럼 생긴 TV가 집 안 내부의 가구들과 곧잘 어우러지는 분위기를 풍겼다. 저렴하게 보이는 일본산 TV의 외관에 익숙했던 필자에게는 매우 신선한 모습이었다.

지금 가전제품 판매점에 가보면 TV 두께는 모두 얇으며 종류는 많지만, 디자인은 획일적이라고 할 수밖에 없는 제품들이 진열되어 있다. 소비자 입장에서는 LCD, OLED, 혹은 FHD, 4K, 8K와 같은 디스플레이 해상도 이외에도 좀 더 다양한 디자인을 고를 수 있는 선택지가 필요할지 모른다.

제1장

OLED 발광 원리

최근 스마트폰을 중심으로 급격하게 시장 점유율이 커지고 있는 OLED 패널의 발광 원리에 대해 설명하고자 한다. 먼저 '유기 화합물'에 대해 알아보고 OLED가 어떻게 발광하는지 이해하는 것이 1장의 목표라 말할 수 있다. 유기 화합물을 구성하는 원자와 분자의 에너지, 그 에너지와 발광의 관계, 그리고 OLED의 발광 원리에 대해서 하나씩 알아보자.

1-1 OLED는 무엇인가?

OLED 디스플레이 또는 패널 속에 들어 있는 '유기 화합물'은 무엇을 의미할까? 이번 장에서는 유기 및 유기 화합물에 대해 알아보자.

OLED란 유기 발광 다이오드Organic Light Emitting Diode의 약자로서, 전도성 유기 화합물에 전류를 인가하면 빛이 나는 현상을 응용한 발광 소자를 뜻한다. 유기 화합물은 간단히 유기물이라고도 하며 유기 원자 등C, H, O, N, S etc.으로 이루어진 분자 혹은 화합물을 의미한다. 유기물은 원래 생명체만이 만들 수 있는 화합물이라고 알려졌다. 예를 들면 단백질, 지방, 혹은 전분, 요소 등이 이에 해당한다. 그러나 화학 합성 분야가 발전하면서 이러한 유기 화합물들도 화학적으로 합성이 가능하게 되었다.

현재는 탄소 원자C, 수소 원자H를 포함하는 일산화탄소CO 혹은 이산화탄소CO_2와 같은 간단한 분자를 제외한 화합물들을 유기물이라고 보며, 다이아몬드 혹은 그래파이트흑연, graphite와 같은 탄소만으로 구성된 분자들을 일반적으로 무기 화합물(혹은 무기물)로 구분한다.

유기물과 발광

유기 EL은 'Organic Electroluminescence'의 약어로, Organic은 유기有機, EL의 E는 Electric전기, L은 Luminescence발광을 의미한다. 즉, EL은 '전기를 가해서 발광'하는 현상이고, 유기 EL은 '유기물에 전기를 가했을 때 발광'하는 현상을 말한다. 나아가 OLEDOrganic Light Emitting Diode는 유기 EL의 현상을 발광 소자에 적용하여 만든 제품이나 부품을 말한다. 일본에서는 유기 EL과 OLED를 같이 유기 EL이라고 부르는 경우가 대부분이지만, 세계적으로는 OLED 혹은 OLED 디스플레이라고 부르는 게 일반적이다.

유기물에 전기를 가했을 때 빛이 나는 현상이 신기하다고 생각할

● OLED 디스플레이

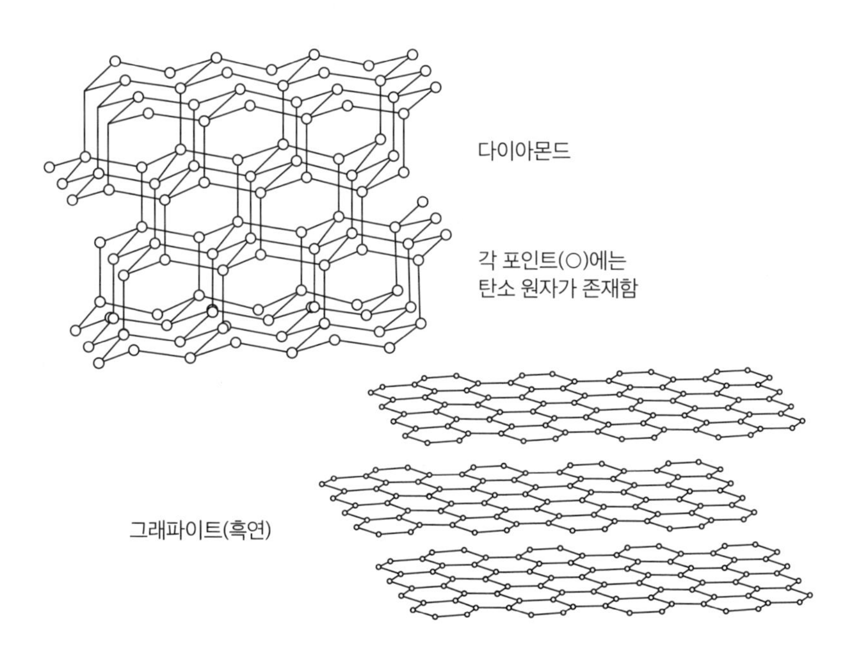

수도 있지만, 결코 낯선 현상은 아니다. 예를 들어, 전형적인 유기물인 나무를 태워보면 열이 나는 동시에 빛이 발생하여 주변이 밝아진다.

나무를 태울 때 나는 빛은 나무를 구성하는 유기물들이 연소산화 반응하는 결과이다. 이렇듯 유기물은 연소되면서 빛을 낸다. 반딧불이 빛나는 것도 노벨상의 연구 대상이 된 해파리와 같은 생물체가 빛을 내는 것도 모두 유기물이 빛이 나는 원리와 같다.

생물의 발광은 유기 화학 반응 특유의 복잡성을 갖고 있다. OLED는 그러한 유기물의 발광을 간단한 '전기 에너지 적용'을 통한 반응 원리를 이용하여 구현하는 것이다.

빛과 전자파

발광에 대해 알아보기 전에, 빛이란 무엇인지 우선 살펴보자. '빛'이란 전자파의 일종이다. 즉, 전파의 종류 중 하나이며 횡파(파동이 진행하여 나아가는 방향과 매질의 진동 방향이 수직을 이룰 때 일어나는 파동)이기 때문에 진동수 뉴ν와 파장 람다λ를 포함한다. 일반적으로 빛의 속도c는 파장과 진동수를 곱한 값이다.

$$c = \lambda\nu$$

전자파는 아래 식과 같이 에너지E로 표현할 수 있으며, 진동수에 비례하고 파장에 반비례한다고 알려져 있다. 아래 식에서 h은 플랑크 상수로 불리는 수치$6.62607015 \times 10^{-34} J \cdot s$를 의미한다.

$$E = h\nu = ch/\lambda$$

● **연소함에 따라 빛을 내뿜는 유기 생물체**

● **빛과 전자파**

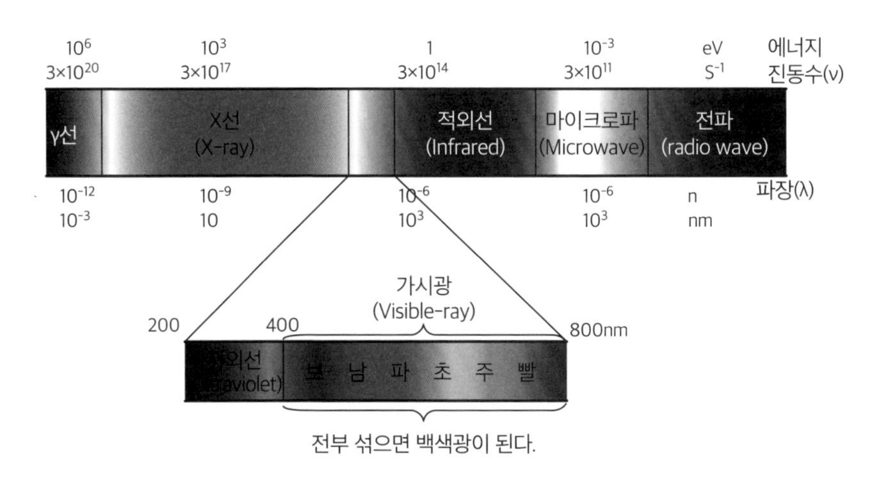

따라서 파장이 짧은 전자파는 높은 에너지를 가지며, 파장이 긴 전자파는 낮은 에너지를 갖는다. 전자파에는 수백 미터의 긴 파장부터 1m의 십억 분의 1밖에 안 되는 짧은 파장까지, 다양한 파장들이 존재

● **빛의 파장과 색채**

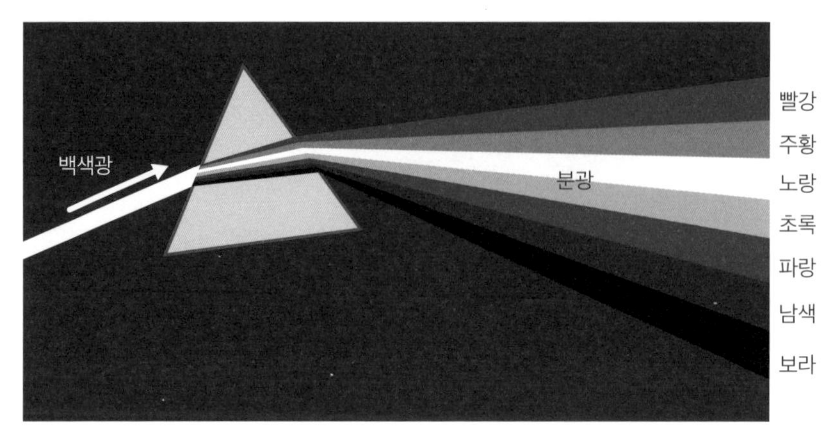

파장이 길수록(빨강) 굴절률이 작아 꺾이기 어렵다.
파장이 짧을수록(보라) 굴절률이 커서 잘 꺾인다.

할 수 있다.

일반적으로 알려진 빛의 파장은 400nm부터 800nm까지 다양하게 나타난다. nm는 나노미터라고 부르며 1nm는 10^{-9}m, 즉 1m의 10억분의 1 정도의 길이를 의미한다. 인간이 가지고 있는 빛의 센서, 눈은 400~800nm의 파장을 가진 전자파에만 반응한다.

빛과 색채

빛은 파장에 따라 달라진다. 그 모습을 그림으로 나타낸 모습이 위와 같다. 전자파는 파장이 길면 '전파'라고 부르며 800nm 정도의 파장을 가지면 '빛', 이보다 좀 더 짧은 파장은 '자외선' 또는 'X선'이라고 부른다. 인간은 적외선, 자외선 등을 육안으로 직접 확인할 수는 없다. 하지만 자외선은 피부에서 열로 감지될 수 있으며 피부에 화상을 입힐 수 있다. 또한 빛은 파장에 따라 다른 색상을 갖는다. 일본에서는 이것을 일반적으로 일곱 가지 색깔의 무지개색이라고 인식하고 있다. 그림에 보이는 것처럼 파장이 긴 빛은 적색, 파장이 짧은 빛은 보라색으로 보인다. 태양의 빛은 색이 없기 때문에 백색광이라고 부르지만, 태양빛백색광을 프리즘으로 통과시키면 일곱 가지 색깔로 분리할 수 있다. 일곱 가지 빛을 다시 합치면 원래와 같은 백색광이 된다.

빛의 삼원색

일곱 가지 빛을 모두 합치면 백색광이 된다고 말했지만, 실은 일곱 개까지 섞지 않더라도 삼색의 빛을 섞으면 백색광이 된다. 이 삼색광을 빛의 삼원색이라고 부른다. 삼원색은 적색, 녹색, 청색 세 가지 색깔을 의미한다. 빛은 수많은 색이 겹쳐지면 겹쳐질수록 명도밝기의 정도가 높

● 빛의 삼원색

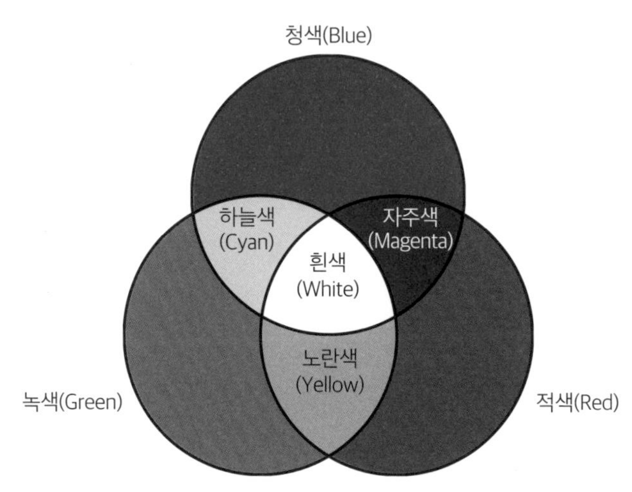

아진다. 즉, 점점 밝아지기 때문에 이를 가산혼합additive color mixture이라고 부른다. 빛의 삼원색이 아닌 두 가지 색을 섞으면 또 다른 색이 만들어진다. 앞 페이지 그림이 이를 나타내며, 삼원색을 적당한 비율로 섞어주면 다른 고유의 색으로 만들 수 있다. 따라서 삼원색만 있다면 어떠한 색을 가진 빛이든 자유롭게 표현할 수 있다. 현재 스마트폰이나 컬러 TV, 컬러 모니터에서 모두 이 원리를 이용해 다양한 컬러를 구현하고 있다.

'유기 EL'에서 '유기'는 '유기물'의 유기를 의미한다. '유기물', '유기 화합물', '유기 분자'는 엄밀히 말하면 조금씩 의미 차이는 있지만 여기에서는 모두 같은 의미라고 생각해도 이해하는 데 문제는 없다. 그렇다면 '유기물(유기 화합물)'이란 무엇일까? 유기물은 영어로 Organic compounds이다. organ은 생명체의 기관 혹은 장기(臟器)라는 뜻이고, 유기물이란 단백질, 탄수화물, 요소 등 생체 대사에 관계된 물질 및 생명체만이 만들 수 있는 물질을 의미한다.

그런데 화학이 발달하면서 요소는 물론 단백질, 탄수화물 등도 화학실험실에서 인공적으로 만들 수 있게 되었다. 따라서 오늘날 유기물은 '탄소와 수소 등의 원자들로 구성된 분자로서 일산화탄소(CO) 또는 시안화수소(HCN) 등과 같이 간단한 구조들의 화합물을 제외한 화학 물질'이라고 정의할 수 있다.

다이아몬드, 풀러린(C_{60})과 같은 복잡한 구조를 가지는 분자들은 일반적으로 무기물(무기 화합물)로 취급되지만 유기물과 연관해서 생각할 때는 유기물로 취급되는 경우도 존재한다. 따라서 유기물, 무기물을 개별적으로 분류하는 데 너무 힘쓰지 않아도 된다. 이보다 우리가 더 주목해야 할 내용들이 훨씬 많기 때문이다.

1-2 에너지는 무엇일까?

1-1에서 빛은 에너지를 가진다고 말했다. 그런데 과연 에너지란 무엇일까? 여기서는 에너지와 열에 대해 알아보자.

앞에서 빛은 에너지를 가진다고 설명했다. 그렇다면 과연 에너지는 무엇일까? 에너지라는 말은 자주 들어 익숙하지만 "그래서 에너지가 뭔데?"라는 질문에 답을 내리려고 하면 바로 떠오르지 않는다. 이유는

● **위치 에너지와 일**

우리가 에너지를 직접 보거나, 듣거나, 만지는 등 직접 체감하는 일이 별로 없기 때문이다.

에너지의 어원은 그리스어 에네르게이아Energeia이며 '힘', 또는 '일의 근원'을 의미한다. 우리는 이 '힘'을 여러 형태로 인식하며 사용하고 있다. 예를 들어 풍력, 수력, 전력, 원자력이라는 말을 들었을 때, 힘을 자연스럽게 구분하여 사용하고 있음을 이해할 수 있다. 열 또한 증기 혹은 내연기관으로 사용할 수 있기 때문에 중요한 에너지라고 할 수 있다.

지붕에서 떨어지면 왜 다리가 부러질까?

지붕에서 떨어지면, 웬만큼 몸이 가볍지 않은 사람이 아니면 다리를 접질리거나 심한 경우 다리가 부러질 수도 있다.

● **에너지와 반응**

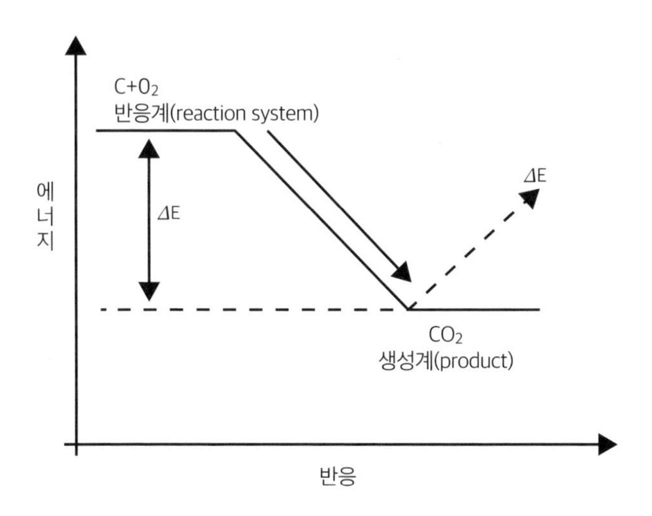

왜 그럴까? 그 이유는 위치 에너지 때문이다. 지구 위에는 중력이 작용하고 있다. 이 중력에 의존하는 에너지를 위치 에너지라고 한다. 위치 에너지의 크기는 지상 높이에 비례한다. 즉 지구 표면을 중심으로 높이 올라갈수록 위치 에너지는 증가한다. 예를 들어서, 지면과 집의 지붕을 비교하면 높은 곳에 위치한 지붕이 더 큰 위치 에너지를 갖게 된다.

지붕의 위치 에너지를 ΔE라고 가정해보자. 이때 지붕 위에 서 있는 사람은 ΔE 에너시를 갖게 된다. 이에 반해 지면에 서 있는 사람의 에너지는 0이다.

옥상 위의 사람이 지면으로 떨어지면 그 사람의 위치 에너지는 ΔE에서 0이 된다. 이 말은 각각의 상태에서 에너지의 차이 ΔE만큼 외부로 방출되었음을 의미하며 이 에너지가 다리를 부러뜨리는 '사고'를 일으켰다고 할 수 있다.

숯을 태우면 왜 뜨거워질까?

숯을 태우면 뜨거워진다. 뜨거워진다는 것은 타고 있는 숯이 열이라는 형태로 에너지를 방출하고 있다는 말이다. 왜 타고 있는 숯은 열을 방출하는 걸까?

숯은 탄소C 덩어리 그 자체다. 숯이 탄다는 것은 탄소가 산소O_2와 산화 반응을 일으켜 이산화탄소CO_2가 된다는 것을 의미한다.

모든 원자 및 분자는 고유의 에너지를 갖고 있다. 이는 C, O_2, CO_2 모두 마찬가지다. 오른쪽 반응식에서 화살표 왼쪽의 물질을 반응계반응 상태, 오른쪽의 물질을 생성계생성 상태라고 부른다. 위 반응식의 반응계반

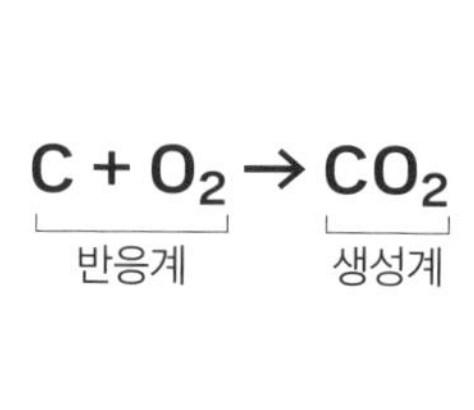

응 상태와 생성계생성 상태를 비교해보면 반응계반응 상태 쪽이 더 큰 에너지를 갖는다.

따라서 반응계가 생성계로 바뀌면 양쪽 에너지 차이 ΔE가 외부로 방출된다. 이 에너지가 열로써 관측되는 것이다.

1-3 네온사인은 어떻게 빛이 날까?

이번에는 원자가 빛이 나는 이유를 에너지 상태와 연관하여 설명하고자 한다.

공원을 밝게 비추며 청백색 빛을 내는 수은등 내부에는 액체 금속인 수은Hg이 들어있다. 붉은색이 도는 주황색의 네온사인 속에는 네온Ne 기체가 포함되어 있다. 수은, 네온 모두 원자에 속한다. 어떻게 원자가 빛날 수 있는 걸까?

수은등과 네온사인이 빛나는 원리

수은등에 전기가 통하면 수은 원자가 전기 에너지 ΔE_{Hg}를 받아 높은 에너지 상태여기 상태, excited state가 된다. 높은 에너지 상태는 불안정하기 때문에 수은 원자는 받은 에너지를 방출시켜 원래의 낮은 에너지 상태기저 상태, ground state로 돌아가려 한다. 이때 수은 원자가 가지고 있던 ΔE_{Hg}는 방출되고 방출된 에너지가 청백색광으로 나타나게 된다. 네온사인이 빛나는 현상 또한 같은 원리다. 기저 상태ground state의 네

● **네온사인이 빛나는 이유**

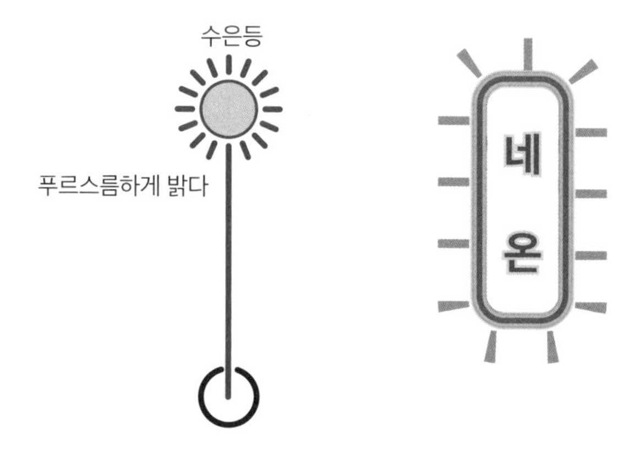

● **수은등과 네온사인이 내뿜는 빛의 색**

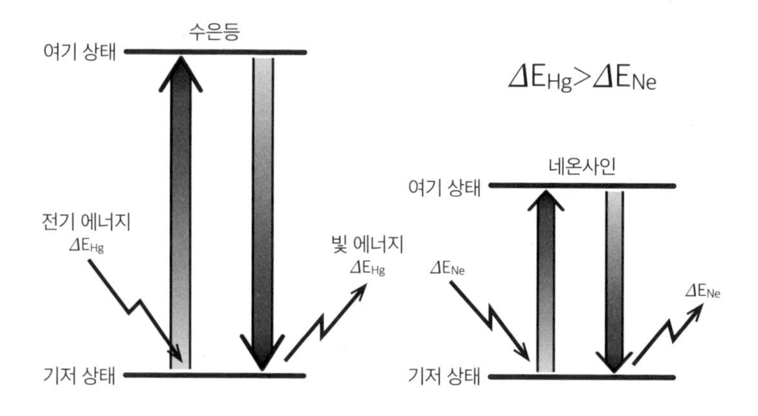

온 원자가 ΔE_{Ne}을 흡수하여 여기 상태excited state가 되고 불안정한 여기 상태가 기저 상태로 돌아가서 ΔE_{Ne}가 방출되며 붉은 색깔의 빛이 나게 된다.

수은등과 네온사인이 내는 빛의 색깔이 다른 이유

그렇다면 수은등은 왜 파랗고 하얗게 빛나며 네온사인은 왜 빨갛게 빛나는 걸까? 그 이유는 수은과 네온 원자가 방출하는 빛의 파장이 서로 다르기 때문이다. 수은과 네온의 여기 상태와 기저 상태 에너지 차이$_{\Delta E}$를 비교해보면 수은의 ΔE가 네온의 ΔE보다 더 크다. 즉, $\Delta E_{Ne} < \Delta E_{Hg}$로 나타낼 수 있다.

앞서 말했듯이, 빛의 파장은 높은 에너지일수록 짧고 낮은 에너지일수록 길다. 그림에서 알 수 있듯이 짧은 파장의 빛은 청색을 띠며 긴 파장의 빛은 붉은색을 띤다. 따라서 에너지 차이가 큰 수은의 경우, 파랗고 하얀 빛이 나며 에너지 차이가 적은 네온사인은 붉게 빛나는 것이다.

1-4

형광등은 어떻게 빛이 날까?

수은등과 네온사인에 이어 이번에는 형광등이 발광하는 원리에 대해 알아보자.

형광등은 수은등의 일종이며 유리관 안에 액체 수은Hg이 들어 있다. 더 이상 사용이 불가능한 형광등을 버릴 때, 깨뜨리지 않고 그대로 회수하는 이유는 형광등을 부수면 유해한 수은 성분이 외부로 새어나와 환경이 오염되기 때문이다.

형광등 빛이 푸르스름하지 않은 이유

형광등이 발광하는 원리는 수은등과 똑같다. 수은 원자에 전기 에너지를 가하면 수은 원자의 기저 상태가 여기 상태가 된다. 불안정한 여기 상태가 원래의 기저 상태로 돌아갈 때, 한번 흡수한 전기 에너지가 외부로 방출되면서 빛을 낸다.

하지만 형광등의 빛은 수은등의 빛처럼 푸르스름하지 않다. 형광등은 주광색이라고 불리는, 태양광과 같은 백색광에 가까운 색을 띠고

● **형광등의 구조**

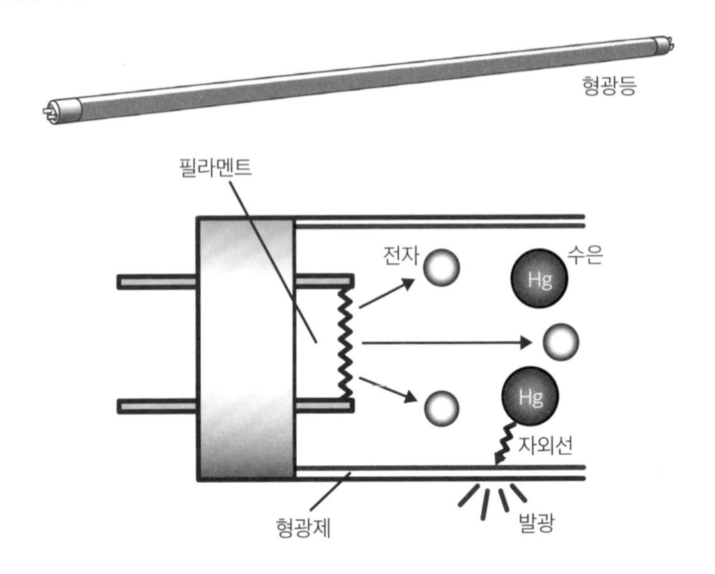

있다. 같은 수은 원자가 발광하는데 수은등은 왜 청백색으로 빛나며 형광등은 왜 하얀색으로 빛날까?

형광제

그 이유는 형광등의 유리관 안쪽에 형광제라는 특수한 물질이 도포되어 있기 때문이다. 형광제는 한번 빛을 흡수한 다음 그 빛을 다시 방출하는 물질이다. 손목시계 문자판의 문자에 형광제를 바르는데, 같은 원리로 빛을 낸다. 손목시계의 형광제는 흡수된 빛을 천천히 장시간에 걸쳐 방출하지만 형광등 속 형광제는 흡수된 빛을 바로 방출시키는 점이 다르다. 흡수된 빛이 방출되는 것이라면 흡수된 빛과 방출된 빛은 똑같은 에너지를 가진다고 생각할 수 있지만 실제로는 그렇지 않다.

● **형광등의 발광 원리**

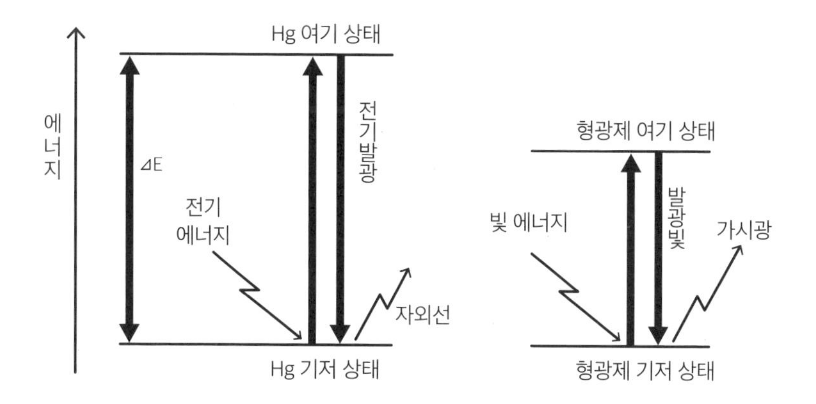

모든 물리적 변화에는 에너지의 손실이 함께 발생된다.

흡수된 빛의 에너지 중 일부는 열 에너지 등으로 소비된다. 따라서 형광제로부터 나온 빛은 형광제에 들어간 빛, 즉 수은이 발광한 빛보다 더 낮은 에너지가 된다. 따라서 형광제가 들어가 발광하는 빛은 형광제가 흡수된 빛보다 더 장파장의 빛이 된다. 이것이 형광등의 빛이 청백색이 아닌 이유이다. 즉 형광등의 수은에서 방출된 빛이 형광제를 통과함으로써 에너지가 작아지고, 파장을 길게 만든다.

1-5

OLED는 어떻게 빛이 날까?

지금까지 원자의 반응과 에너지의 관계, 에너지와 발광의 관계에 대해서 알아보았다. 그렇다면, OLED는 어떻게 빛이 나는지 자세하게 알아보자.

지금까지 원자의 반응과 에너지의 관계, 에너지와 발광의 관계에 대해 알아보았다. 원자에 전기가 흐르면, 다시 말해 원자에 전기 에너지를 가하면 발광하는 이 현상이 어렵게 느껴질 수도 있다. 그러나 화학 현상을 에너지 현상으로 바꿔 생각해보면 쉽게 이해할 수 있을 것이다.

형광등 속 형광제에 대해 알아보기

이번에는 'OLED는 어떻게 빛이 날까?'에 대한 질문에 대해 생각해보자.

앞에서 수은등과 형광등이 빛이 나는 원리를 설명했는데, 기본적으로는 원자의 발광 현상 때문이라고 할 수 있을 것이다. 원자가 발광하면 원자들로 이루어진 분자가 발광하는 것은 당연하다. 이러한 내용을 이해할 수 있다면 더할 나위 없이 좋겠지만 잘 이해가 가지 않는 분도 당연히 있을 수 있다.

그렇다면, 더 쉽게 이해하기 위해 분자가 발광하는 경우를 살펴보자. 간단한 예로는 앞서 형광등에서 소개한 형광제를 들 수 있다. 형광등은 오랫동안 개량을 거듭해왔는데, 현재 형광등에 사용하는 형광제는 이트륨Y, 세륨Ce, 가돌리늄Gd 등 희토류 금속을 사용한 무기물이 주를 이룬다.

유기물이 발광하는 경우도 있을까?

무기물뿐 아니라 유기물이 발광하는 경우도 많다. 가장 친숙한 사례는 세탁할 때 사용하는 형광제를 꼽을 수 있다. 현재 사용되는 세제의 주성분에는 형광제가 대부분 들어가 있다. 섬유의 더럽고 누렇게 변색된 부분을 깨끗하고 새하얗게 만들기 위해서다.

옛날에는 세제에 푸른 염료를 섞어서 사용했는데, 더러워진 섬유의 누런 때를 커버해서 '하얗게 보이기 위함'이었다. 그러나 옷 자체가 하얗게 되는 것이 아니라, 섬유의 때를 감추기 위해 세제에 푸른 염료를 가미하여 전체적으로 밝아 보이게 만든 것이었다. 이때 사용된 염료가 마로니에 나뭇잎과 나무껍질로부터 찾아낸 에스쿨린Aesculin이라는 물질이다.

이는 그림에서 확인할 수 있듯이 탄소C, 수소H, 산소O로만 이루어진 순수한 유기물이다. 해당 물질들은 형광등의 형광제와 동일하게 태양광 속 자외선을 흡수하게 되면 자외선보다 좀 더 장파장을 갖는, 청백색 빛을 발광하게 된다.

이러한 청백색 빛을 띠는 발광을 이용해서 섬유의 누런 때를 보이

● **발광특성을 가지는 유기물**

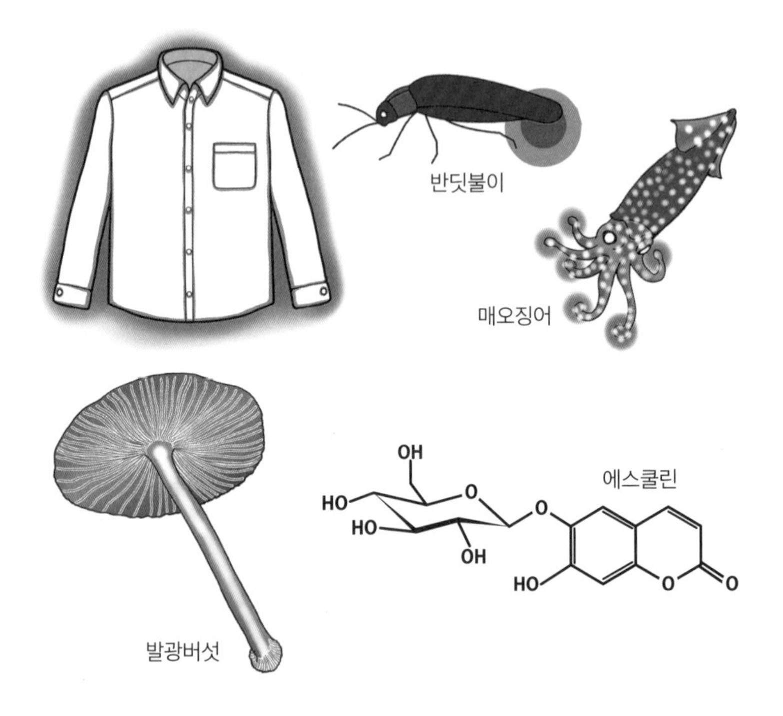

지 않게 할 수 있다. 오늘날 우리들이 말하는 '눈부시게 빛나는 새하얀' 셔츠를 입을 수 있는 이유는 이러한 유기물로 만들어진 형광제 덕분이다.

냉광이란 무엇인가?

일반적으로 빛은 물질이 열을 낼 때 발생한다. 태양이 대표적이고, 열을 발산하는 숯불과 백열전구도 같은 경우이다. 형광등 또한 백열전구만큼은 아니더라도 열을 낸다. 최첨단 조명기구라고 불리는 LED 또한 열을 낸다.

하지만 전혀 열이 발생하지 않는 발광체도 존재한다. 바로 생물 발광이다. 이들은 자연스럽게 생물 내부에서 발광하게끔 되어 있다. 반딧불이, 야광충, 심해어, 발광버섯 등에서 생기는 생물 발광은 열이 발생하지 않는다. 이렇게 발열을 수반하지 않는 발광을 '냉광Luminescence'라고 부른다.

냉광은 생물이 스스로 발광하는 것이므로, 발광체는 당연히 유기물이라고 볼 수 있다. 즉, 유기물이 발광하는 것은 결코 이상한 현상이 아니라는 얘기다. 자연계에서는 당연한 현상이다. 게다가 생물 발광에서는 발광 현상에서 나타나는 발열 현상 또한 일어나지 않는다.

OLED는 왜 빛이 날까?

이 책을 처음 읽는 분들은 "목재나 플라스틱 같은 유기물에서 빛이 난다니, 대체 무슨 소리야?"라고 생각할 수도 있다. 하지만 지금까지의 설명을 바탕으로 다시 생각해봤을 때, 유기물이 스스로 빛이 나는 것이 그렇게 이상한 일은 아니다. 앞에서 이야기했듯이 와이셔츠 또는 반딧불이, 버섯도 빛을 내기 때문이다. 이 시점에서 우리가 아직 살펴보지 못한 부분은 OLED의 '발광 원리'이다. 와이셔츠나 버섯 등의 유기물은 외부에서 가해지는 전기가 없어도 스스로 발광한다. 반면 OLED는 전기를 반드시 흘려줘야 발광한다. 이것은 무슨 의미일까? 오히려 후자에 대해 더 큰 궁금증이 생길지도 모르겠다.

당연한 의문이라고 생각한다. 이에 대한 대답은 다음 장에서 자세하게 살펴보자.

계속해서 개체수가 줄고 있는 반딧불이 외에도, 빛을 내는 생물은 다양하게 존재한다. 여름 바다에 가면, 빛을 내는 해파리로 인해서 파도가 빛나는 걸 볼 수 있다. 또한 산에 가면, 어두울 때 발광이끼나 발광버섯이 발밑의 조명 역할을 해준다. 깊은 바닷속에서는 수많은 심해어가 신기하게 빛을 내고 있다. 모두 생물체들이 체내에서 유기 화합물을 사용해 스스로 빛을 내는 것이다. 즉, 유기 화합물이 빛을 방출하고 있다는 이야기인데, 이런 원리로 생각해보면 OLED가 발광하는 현상 또한 특별한 메커니즘을 가진 건 아닐지도 모른다. 단지 차이점은 OLED는 생물 발광과 다르게, 전기 에너지를 사용한다는 것이다. 생물체는 건전지와 콘센트로 전기 에너지를 사용할 수는 없다. 도대체 생물체는 어떤 메커니즘으로 발광하는 걸까?

● **생물 발광**

▲ 갯반디와 발광

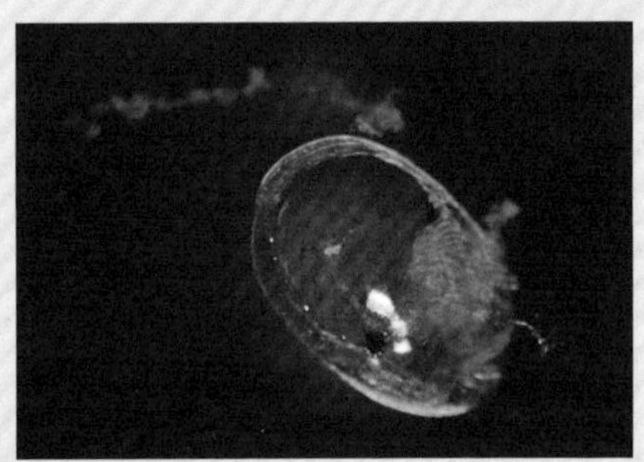

출처: Wikipedia

◀ 발광이끼

루시페린, 루시페라아제 메커니즘

생물 발광은 간단하게 다음과 같이 설명할 수 있다. '생물 체내'에 있는 루시페린(luciferin)이라는 물질이 루시페라아제(luciferase)라는 효소의 작용에 의해 발광한다. 하지만 이 문장만으로는 설명이 너무 부족하다. 이공계 전공자라고 할지라도 이런 간단한 문장만으로 내용을 이해할 수 있다면 대단하다고 말할 수 있을 정도다.

실제 발광 메커니즘

다양한 생물 발광 메커니즘이 존재하지만 가장 기본적인 것부터 살펴보자. 예를 들어, 바닷속에 있는 반딧불이가 발광하는 건 바다 반딧불이가 갖고 있는 루시페린 A라는 유기화합물 때문이다. 아래에서 보듯이 루시페린 A의 분자구조는 언뜻 복잡해 보일 수 있지만, (바다 반딧불이에게는 미안하지만) 생물체가 가지고 있는 유기 화합물의 구조들과 비교하면 그다지 복잡한 구조는 아니다.

● 갯반디의 발광 원리(화학 반응식)

A
루시페린
O_2
루시페라아제
디옥세탄 유도체
AO_2
B^*
옥시페린(여기 상태)
빛
루시페린
(기저 상태)
CO_2

갯반디 루시페린 A

● 갯반디의 발광 원리(화학 반응식)

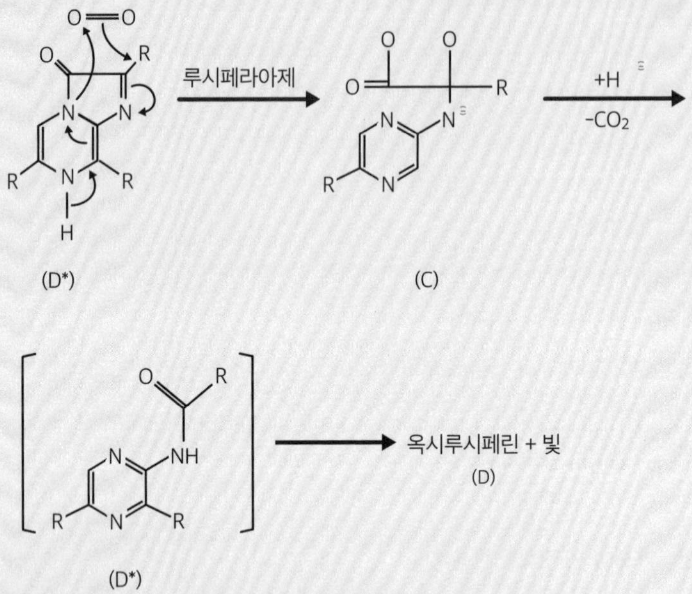

루시페라아제

(D*)

(C)

+H

$-CO_2$

옥시루시페린 + 빛

(D)

(D*)

위 그림에서 분자 A의 중요 부분(반응에 관여하는 부분)만을 자세하게 살펴보았다. 우선, 발광 물질 A(즉, 부분 구조 B)가 효소 루시페라아제의 도움으로 산소(O_2)와 반응하여 디옥세탄 유도체(C)가 된다. 그 후 C는 분해되어 낮은 에너지 상태의 물질인 이산화탄소(CO_2)를 방출한다. 이 낮은 에너지 상태인 CO_2를 방출함으로서 남은 부분인 D는 그만큼 높은 에너지 상태로 바뀌며, 높은 에너지를 가지는 여기 상태인 D*가 된다. 여기 상태인 D*가 원래의 낮은 에너지 상태인 기저 상태로 돌아갈 때, 여기 상태와 기저 상태 차이만큼의 에너지가 빛으로 전환되어 발광하게 된다.

제2장

OLED 분자 구조

이번 장에서는 OLED가 발광하는 데 필요한 분자 발광을 설명하고자 한다. 분자의 발광이 일어나기 위해 필요한 가장 중요한 세 종류의 핵심 분자의 요구 특성, 나아가서 현재 활발하게 연구, 개발되고 있는 인광 발광 분자 등에 대해 설명한다.

2-1 분자와 에너지의 상호 작용

지난 장에서는 원자와 분자가 발광하는 현상, 그리고 발광과 발열이 일어날 때 원자와 분자에서 일어나는 에너지 변화에 대해 살펴보았다. 여기서는 이러한 현상들에 대해 좀 더 자세하게 살펴보자.

분자의 전자 구조

원자는 원자핵과 이를 둘러싼 전자로 구성되어 있다. 전자는 원자 오비탈원자 궤도 함수, atomic orbital, AO이라는 상자에 담겨져 있다. 원자들로 구성된 분자 또한 마찬가지다. 분자는 원자핵이 연결된 사슬 또는 고리와 같은 구조체이며 이를 둘러싼 전자들로 구성되어 있다. 분자의 전자는 분자 오비탈분자 궤도 함수, molecular orbital, MO이라는 상자 속에 담겨 있다. 분자 오비탈은 수없이 많이 존재할 수 있으며, 일반적으로 분자를 구성하는 전자의 개수만큼 존재한다. 메탄 CH_4은 가장 간단한 구조의 유기 화합물인데, 메탄의 전자 개수를 생각해보면 탄소 원자가 6개의 전자, 수소 원자는 1개의 전자를 가지고 있기 때문에 모두 10개의 전자를 가지고 있음을 알 수 있다. 즉, 메탄같이 간단한 분자도 10개의 분자 오비탈을 가진다는 의미다. 이러한 분자 오비탈은 각각 고유의 에너지 상태를 가진다. 뒤 페이지 그림은 분자 오비탈들을 에너지 순서대로 나열한 모습이다. 분자의 전자는 분자 오비탈에 채워져 있지만, 이때 다음과 같은 법칙을 갖는다.

① 전자는 에너지가 낮은 분자 오비탈 순서대로 채워진다.

② 한 개의 분자 오비탈에는 두 개 이상의 전자가 들어갈 수 없다.

분자 오비탈은 전자의 개수만큼 존재하며, 한 개의 분자 오비탈에는 두 개의 전자까지 들어갈 수 있기 때문에 실제로 전자가 채워져 있는 분자 오비탈들은 모든 분자 오비탈들의 절반, 그것도 낮은 에너지에서 높은 에너지 순서대로 결정된다. 전자가 채워져 있는 분자 오비탈을 점유 분자 오비탈occupied molecular orbital이라고 하며, 전자가 채워져 있지 않은 분자 오비탈을 비점유 분자 오비탈unoccupied molecular orbital이라고 한다. 점유 분자 오비탈 중에서 가장 에너지가 높은 분자 오비탈을 최고 점유 분자 오비탈highest occupied molecular orbital, HOMO, 전자가 채워져 있지 않은 분자 오비탈 중에서 가장 에너지가 낮은 분자 오비탈을 최저 비점유 분자 오비탈lowest unoccupied molecular orbital, LUMO이라고 한다.

기저 상태와 여기 상태

앞서 분자의 에너지 상태로서 높은 에너지 상태를 여기 상태, 낮은 에너지 상태를 기저 상태라고 설명했다. 이 두 가지 에너지 상태를 전자 관점에서 살펴보자.

분자가 에너지를 흡수할 경우, 해당 에너지는 HOMO에 있는 전자가 그 해당 에너지를 받게 된다. 이때 HOMO의 전자는 그 에너지만

● **공궤도와 피점궤도**

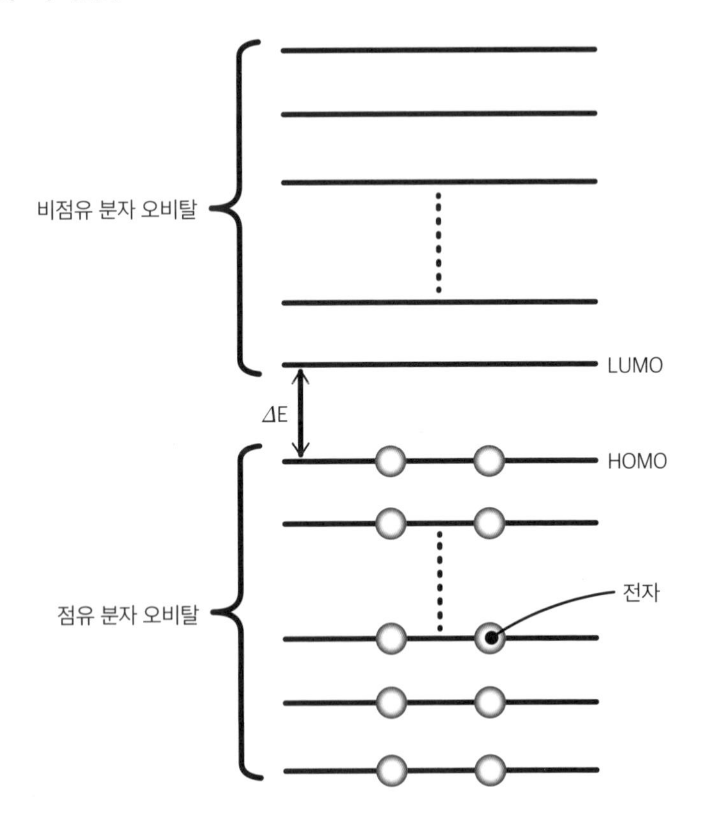

큼의 높은 에너지 상태인 LUMO로 이동하게 된다. 이러한 전자의 오비탈 간 이동을 전이전자 전이, electronic transition라고 한다. 그리고 전자가 이동하기 전의 상태를 기저 상태, 이동한 후의 상태를 여기 상태라고 한다. 따라서 여기 상태와 기저 상태 간의 에너지 차이는 HOMO와 LUMO 간의 에너지 차이인 ΔE와 동일하다고 할 수 있다. 즉, 여기 상태와 기저 상태의 차이점은 분자 오비탈의 전자 배치의 차이라고 말할 수 있으며, 두 상태 간 이동은 HOMO 및 LUMO 사이의 전자 전이가

● **기저 상태와 여기 상태**

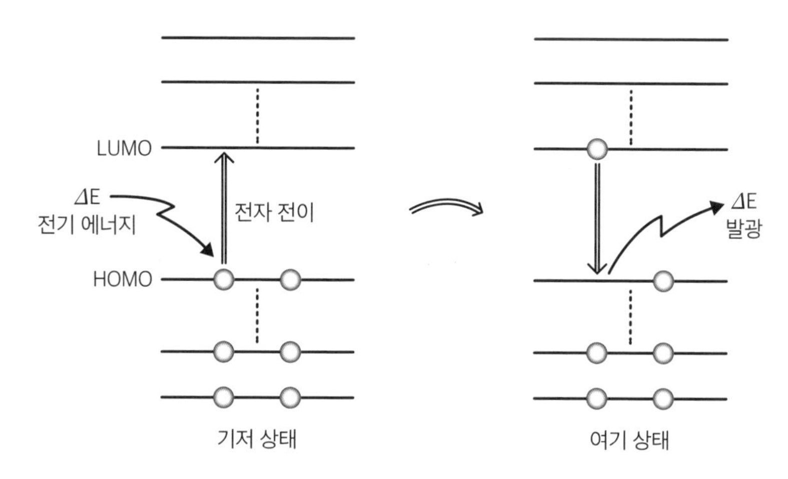

일어난다고 할 수 있다. 또한 HOMO의 전자는 전기 에너지와 같은 외부 에너지인 ΔE을 흡수하여 LUMO로 이동하고, 이 전자가 다시 원래의 HOMO로 이동할 때 불필요한 ΔE를 외부로 방출하게 된다. 이 때 방출되는 에너지는 빛으로 관찰되는데 이것을 우리는 발광 현상이라고 부른다.

2-2 OLED 소자 구조

앞서 말했듯이 유기 분자를 발광시키기 위해서는 분자를 여기 상태로 만들어야 한다. 이에 대해 좀 더 자세하게 알아보자.

전류는 무엇인가?

OLED 소자device에 대해 알아보기 전에 전기에 관해 약간의 지식이 필요하다. 전기를 이해하기 위해서는 전압, 전류, 저항 등을 먼저 알아야 하는데, 여기서 주목해야 할 부분은 바로 전류이다. 전류란 전자의 이동, 혹은 전자의 흐름을 뜻한다. 전자가 A지점부터 B지점까지 이동할 때, 전류는 역방향으로 B지점부터 A까지의 흐름이라고 정의한다.

예를 들어 전지는 양극anode과 음극cathode을 도선으로 연결하는데, 전류는 전자의 외부 회로도선의 양극에서 음극 방향으로 흐르지만 전자는 반대로 음극에서 양극 방향으로 이동한다.

삼층 구조

OLED 소자는 유기 발광 분자가 기저 상태에서 여기 상태가 되는 현

● **전류와 전자의 흐름**

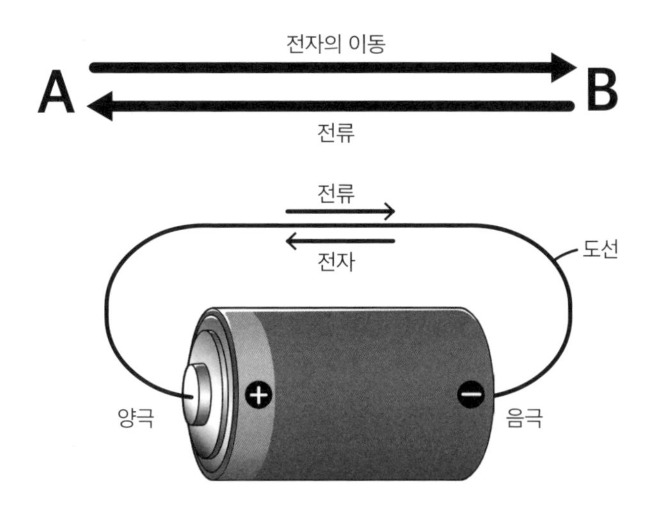

상을 이용하여 삼층 구조로 이루어진다. 이 삼층 구조는 유기 발광 분자로 구성된 발광층emitting layer을 전자 수송electron transporting 분자들로 구성된 전자 수송층electron transporting layer과 정공 수송hole transporting 분자들로 구성된 정공 수송층hole transporting layer이라는 두 종류의 분자 수송층 사이에 넣어서 샌드위치 형태로 만든 소자 구조를 말한다.

전자 수송층이란 음극부터 이동한 전자를 발광층까지 옮겨다주는 분자 수송층을 뜻한다. 반대로 정공 수송층이란 발광층의 전자를 양극으로 옮겨다주는 분자 수송층이다. 소자 구조를 살펴보면 발광층에서 나오는 빛을 어떻게 관찰할 수 있는지 궁금할 수 있지만 걱정하지 않아도 된다. 소자를 구성하는 세 가지 층 모두 매우 얇기 때문에 발광층에서 나오는 빛을 충분히 투과할 수 있고, 소자의 맨 끝에 있는 전극은 투명한 전극을 사용한다.

● **OLED 소자 구조**

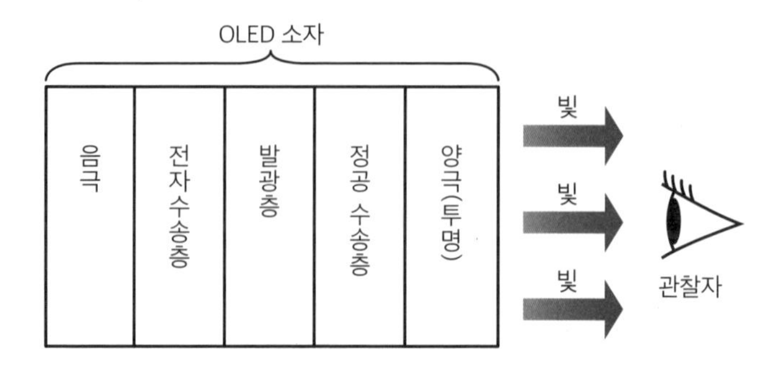

수송층 분자와 전극의 상호 작용

OLED 소자에서 각각의 수송층이 전극과 연결되었을 때 어떠한 현상이 일어나는지 살펴보자. 전자 수송층이 음극과 연결되면 음극에서 전자 수송층으로 전자가 주입된다. 이 전자는 전자 수송층에 있는 분자들의 비어 있는 오비탈, 즉 최저 비점유 분자 오비탈LUMO에 들어가야 한다. 다시 말해서 음극에서 전자 한 개가 전자 수송층의 LUMO로 들어가게 된다.

한편, 정공 수송층이 양극에 연결될 경우, 정공 수송층에서 전자가 양극으로 흘러 나가게 된다. 여기에서 전자는 정공 수송층에 있는 분자의 최고 점유 분자 오비탈HOMO에 채워져 있는 전자를 뜻한다. 따라서 정공 수송층에서는 HOMO에 채워져 있던 전자가 한 개 감소하게 된다.

수송층 분자와 발광층 분자의 상호 작용

위와 같은 과정을 통해 생겨난 전자 수송층 분자와 정공 수송층 분자

● **전자 수송층과 정공 수송층**

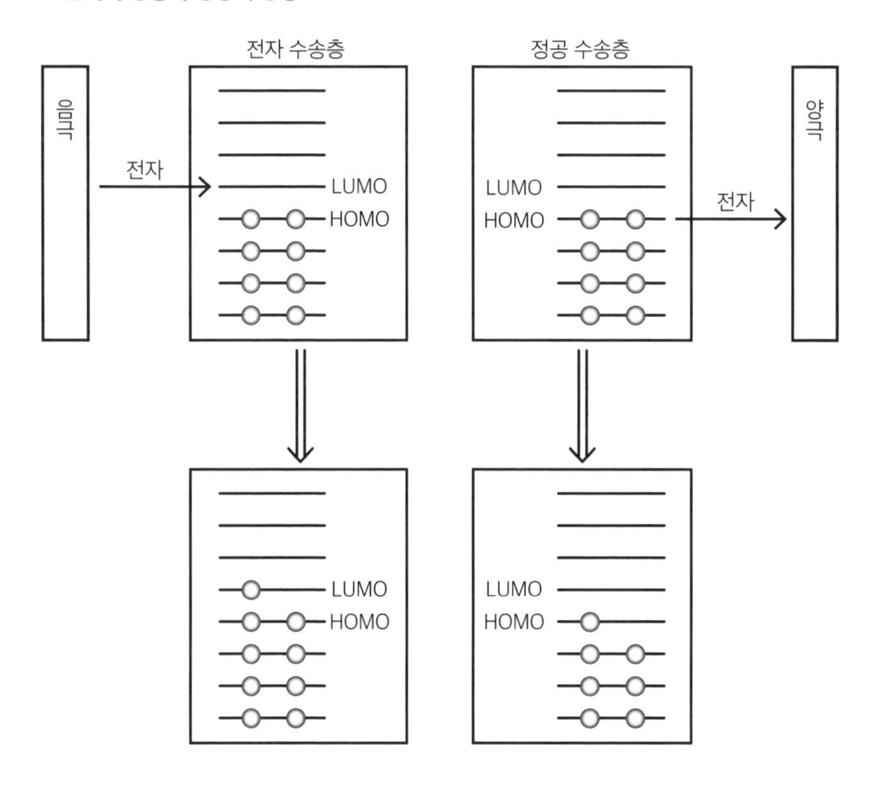

가 발광층의 분자와 상호 작용함에 따라 분자 간전자 수송층 → 발광층, 정공 수송층 → 발광층 전자 이동이 일어나게 된다. 이때 발광층 분자의 전자 배치를 뒤 페이지 그림을 통해 확인해보자.

HOMO 전자는 한 개 줄어들게 되고, 대신 LUMO에 전자가 한 개 들어가게 된다. 결과적으로 HOMO에 있는 전자가 LUMO로 이동하게 되었다. 이것은 발광층 분자가 기저 상태에서 여기 상태가 되었다는 의미이다.

따라서 여기 상태에서 LUMO에 채워져 있는 전자 한 개가

● **수송층 분자와 발광층 전자의 상호 작용**

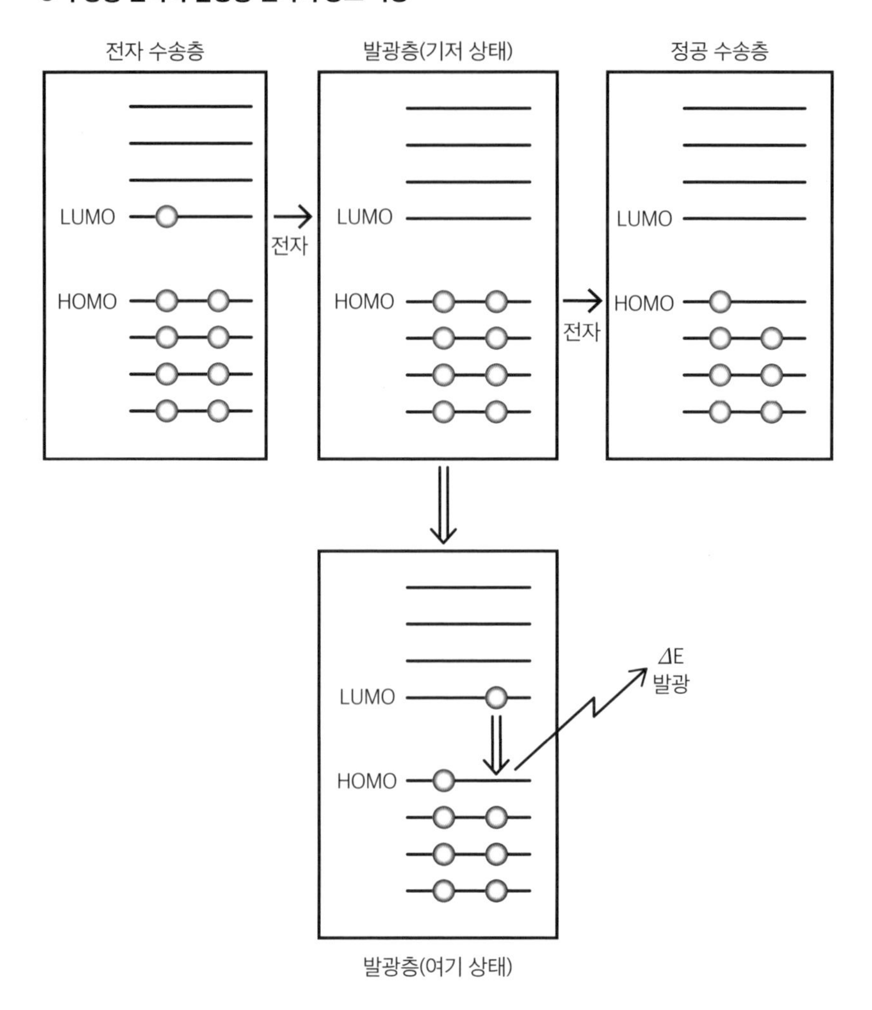

HOMO로 다시 이동하게 되면, HOMO와 LUMO 사이의 에너지 차이ΔE만큼의 에너지가 방출되어 발광이 일어난다.

2-3 OLED 분자에 필요한 스펙

OLED에 필요한 분자는 전자 수송 분자, 정공 수송 분자, 발광 분자로 총 세 종류다. 이 분자들에게 요구되는 스펙은 다음과 같다.

수송층 분자

전자를 이동시키는 전자 수송층 분자는 전자를 잘 받아들일 수 있어야 한다. 그렇기 때문에 니트릴기CN 등의 전자받게electron withdrawing group 치환기를 가지거나 전자 결핍성electron deficient 헤테로 방향족 고리heteroaromatic ring를 갖는 경우가 많다.

반대로 정공 수송층 분자에는 전자를 잘 내놓는 능력이 요구된다. 이 때문에 비공유 전자쌍을 가지는 질소가 포함된 아민amine 화합물 등이 사용되는 경우가 많다. 대표적인 수송층 분자는 다음 페이지 그림과 같다.

발광층 분자

발광층 분자는 말 그대로 발광하는 분자를 의미하며, OLED 발광에

● **대표적인 수송층 분자**

전자 수송층 분자

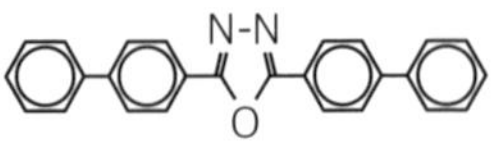

PBD

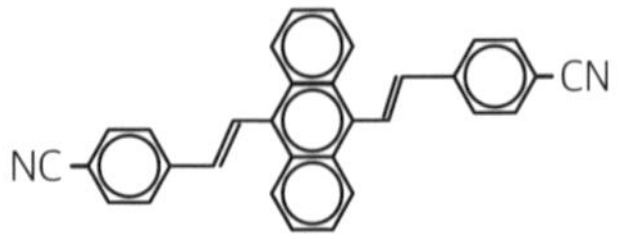

BSA-1

정공 수송층 분자

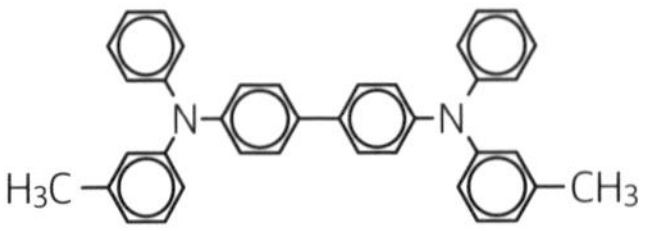

TPD-1

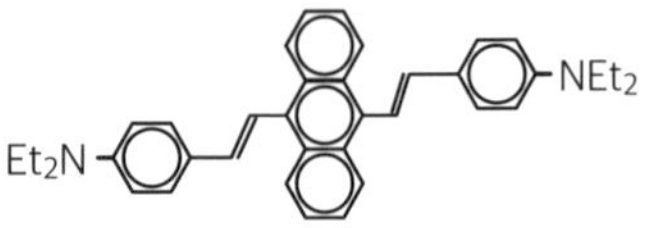

BSA-3

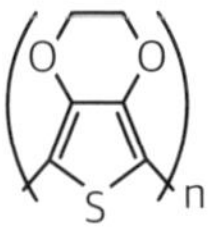

PEDOT

필요한 중심 분자이다. 그렇기 때문에 수많은 종류의 발광층 분자들이 연구, 개발되고 있다.

발광층 분자가 갖춰야 할 스펙은 단순히 발광 능력뿐만이 아니다. 전자 수송층이 이동시키는 전자를 효과적으로 받아들이고, 반대로 전자를 받아들이는 정공 수송층에 전자를 잘 넘겨줘야 한다. 그리고 이러한 과정에서 발생하는 기저 상태와 여기 상태 간의 에너지 차이ΔE를 빛으로 잘 변환시켜주는 능력도 필요하다.

전자 수송층 분자의 LUMO에 있는 전자가 발광층 분자의 LUMO로 이동하기 위해서는 발광층 분자의 LUMO는 전자 수송층 분자의 LUMO보다 에너지가 반드시 낮아야 한다. 그리고 발광층 분자의 HOMO에 있는 전자가 정공 수송층 분자의 HOMO로 이동하기 위해서는 발광층 분자의 HOMO는 정공 수송층 분자의 HOMO보다 에너

● **발광층 분자의 관계**

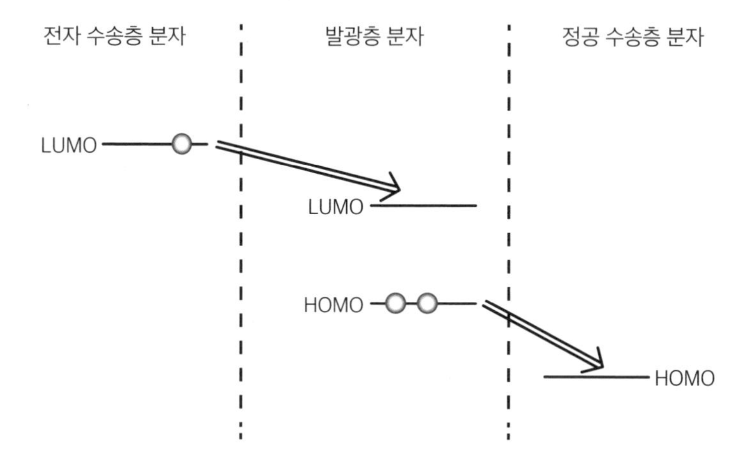

지가 높아야 한다.

그렇지 않으면 수송층 분자와 발광층 분자 사이의 전자 이동이 원활하게 이루어지지 않게 되고, 따라서 발광하지 않거나 발광하더라도 발광 효율이 낮아지게 된다.

발광층 분자와 발광 파장

발광층 분자에서는 전자적 특성 이외에 발광하는 빛의 색상 또한 중요하다. OLED가 실용적인 디스플레이로서 사용되기 위해서는 가능한 모든 색상, 즉 풀컬러 full color 구현이 가능한 발광이 절대 필수조건이다. 풀컬러 디스플레이를 구현하는 데는 두 가지 방법이 있다. 첫 번째는 백색 발광에 컬러 필터를 이용해 표시하고자 하는 색의 빛만 선택적으로 발광시키거나, 정반대로 빛의 삼원색을 조합해 백색광으로 발광하게 만드는 것이다.

● **발광층 분자**

PSD(460nm) 청색

NSD(520nm) 녹색

PD(620nm) 적색

● **발광층 분자의 발광 파장 분포**

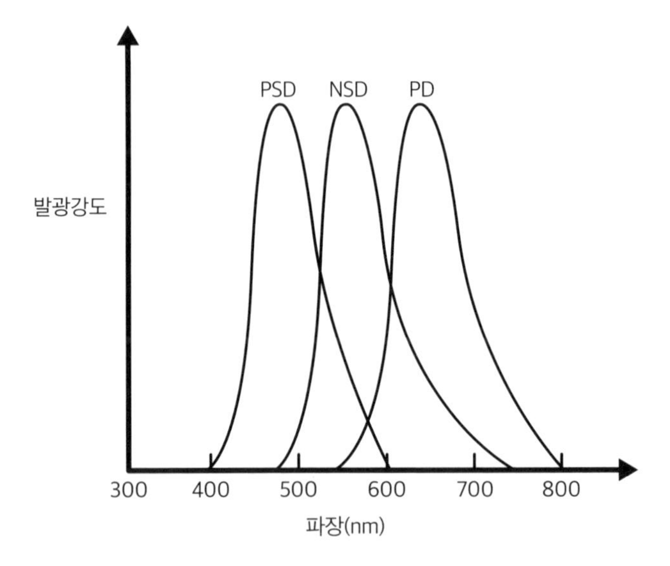

백색 발광 분자가 개발되면 풀컬러 디스플레이 문제가 근본적으로 해결되겠지만 현재로서는 백색광 발광을 효과적으로 구현할 수 있는 백색 발광 분자는 개발되어 있지 않다.

현재 OLED 소자의 컬러 구현은 앞서 소개한 빛의 삼원색을 활용하여 표시하고 있다. 그림에 나타낸 것처럼 세 개의 분자는 모두 발광 분자이며 PSD는 청색, NSD는 녹색, PD는 적색으로 발광된다. 다시 말해서, 이 세 가지 발광을 함께 사용하면 거의 만족스러운 백색광원을 얻을 수 있고, 그리고 이 세 가지 발광을 적당한 비율로 조합하면 임의의 색채를 가진 다양한 빛을 만들 수 있다.

3종 분자의 발광 파장 분포 그림을 왼쪽과 같이 표시했다. 3종 분자의 발광 파장을 겹쳐서 보면 인간의 눈으로 감지할 수 있는 범위, 즉 400~800mm의 가시광선 영역을 커버하고 있음을 알 수 있다.

2-4 발광층 분자의 종류와 분자 구조

발광층 분자에는 다양한 종류가 있지만 크게 다음과 같이 세 종류로 나눌 수 있다. 유기 색소(Organic Conjugated Compound) 계열의 발광층 분자, 유기 금속 착체(Organometallic Complex) 계열의 발광층 분자, 유기 고분자(Organic Polymer) 계열의 발광층 분자가 바로 그것이다.

유기 색소 계열의 발광층 분자

오른쪽 그림은 유기 색소 계열의 발광 분자를 나타낸 것이다. 다양한 종류가 개발되었는데, DPVBi와 2,2′,7,7′-Tetra(4-biphenylyl)-9,9′-spirobifluorene는 탄소, 수소로 이루어진 탄화수소Hydrocarbon 분자이다. BMA-nT는 질소N 원자를 갖는 방향족 아민aromatic amine 그룹과 황S 원자를 포함하는 티오펜thiophene 코어를 가진 분자 군인데 이 경우 n=3, 즉 티오펜 코어를 세 개 가지고 있는 BMA-3T 분자는 13300cd/m^2의 높은 발광 휘도를 자랑한다. 2PSP는 규소Si를 포함하는 실롤silole 코어를 가지는 화합물이다.

유기 금속 착체 계열의 발광층 분자

현재 발광층 분자 중 주로 사용되는 것은 유기 분자로 구성된 리간드

● 유기 색소계 발광층 분자

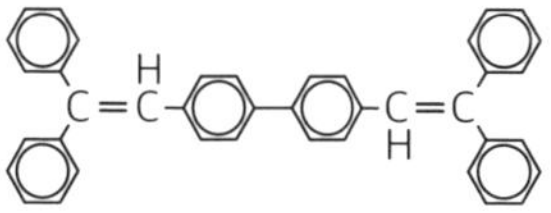

DPVBi

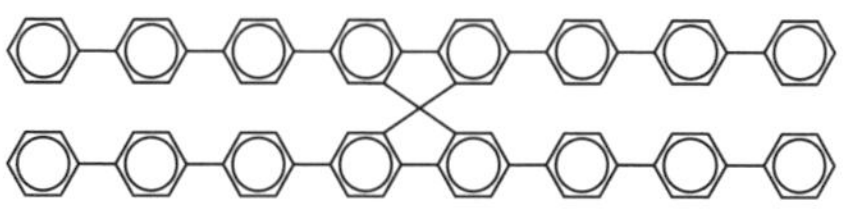

2,2′,7,7′-Tetra(4-biphenylyl)-9,9′-spirobifluorene

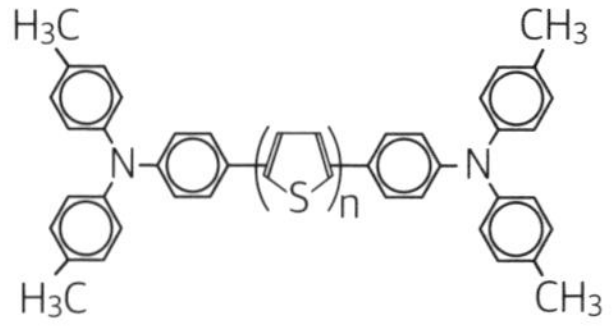

BMA-nT
13300cd/m^2

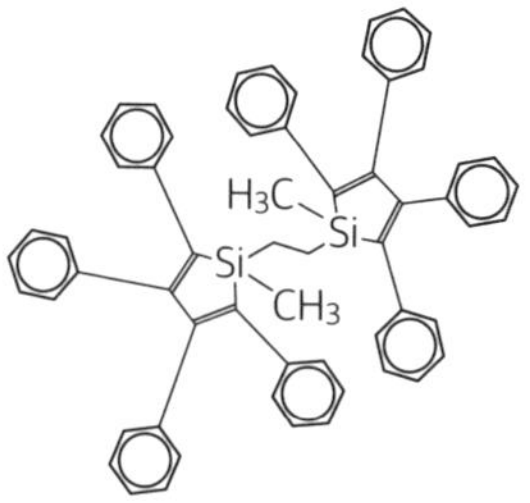

2 PSP

ligand 분자와 금속metal이 중심원자로 합체된 분자로서, 일반적으로 '유기 금속 착체Organometallic complex'라고 부른다. 중심원자로는 다양한 종류의 금속이 사용되고 있는데, 이리듐Ir, 플라티늄Pt 등이 사용된 유기 금속 착체들은 인광 발광 분자로서 잘 알려져 있다. 이번 장에서는 알루미늄Al, 아연Zn, 베릴륨Be이 중심 금속으로 적용된 착체 분자들을 소개하겠다.

Alq_3는 높은 발광 효율을 갖고 있으며 화학적, 열적 안정성 또한 우수하기 때문에 많은 OLED 소자의 발광 분자로 사용되는 것뿐 아니라 전자 수송층 분자로도 활용되고 있다. $Almq_3$는 Alq_3의 구조를 변경한 유도체이며 $Almq_3$는 최고 발광 휘도가 26000cd/m^{2}에 달한다.

아연Zn을 사용한 Znq_2는 최고 휘도가 16200cd/m^{2}로 Alq_3와 동등한 성능을 자랑한다. 베릴륨을 사용한 $BeBq_2$의 경우 19000cd/m^{2}의

● **금속 착체계 발광층 분자**

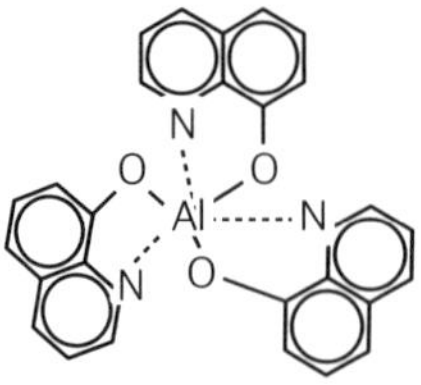

Alq_3 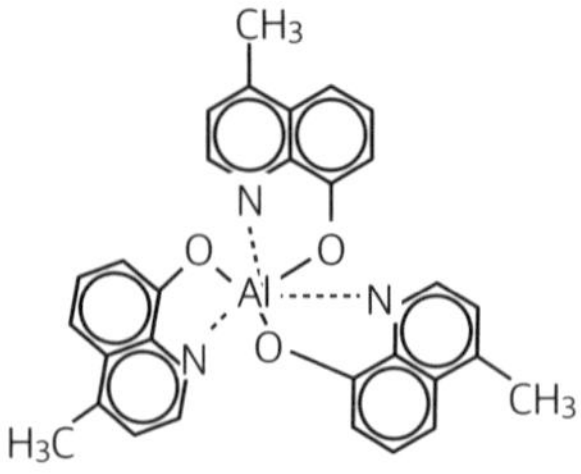 $Almq_3$ 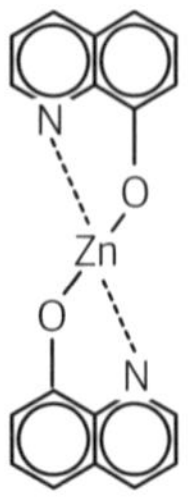 Znq_2 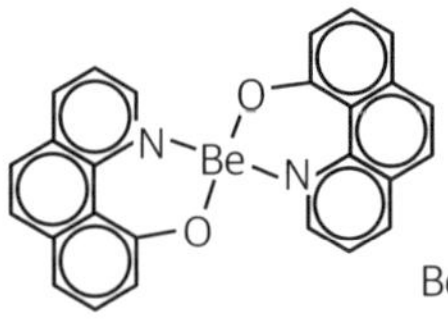 $BeBq_2$

휘도로 Alq_3의 휘도보다 더 우세하다. 단, 베릴륨은 매우 독성이 강한 금속이기 때문에 베릴륨 착체를 제작할 때는 베릴륨 파우더나 증기gas가 인체에 접촉되지 않도록 반드시 주의해야 한다.

유기 고분자 계열의 발광층 분자

OLED 발광 분자로는 유기 고분자 계열 또한 잘 알려져 있다. 유기색소 및 유기 금속 착체 계열의 분자들을 이용해서 OLED 소자를 제작할 때, 보통 이러한 분자의 파우더를 진공 열증착vacuum thermal evaporation하는 방법을 통해 유기물의 박막thin film을 형성한다. 하지만 유기 고분자들은 분자량이 커서 진공 열증착 방법으로는 박막 제작이 불가능하고, 스핀 코팅Spin-Coating 방법이나 잉크젯Ink-Jet 방법 등을 통해서 박막 제작이 가능하다. 이러한 박막 제조 방법은 면적이 큰 OLED 소

● **고분자계 발광층 분자**

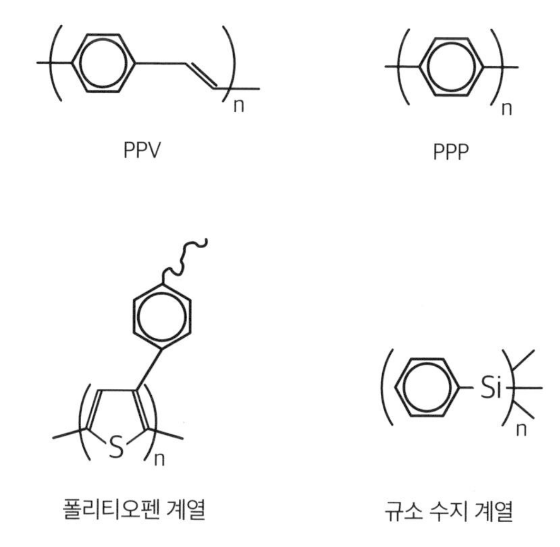

자를 제작할 때 효과적이며, 진공 열증착 방법에 대비해 제조 방법 면에서 장점도 많다.

위 그림은 잘 알려진 고분자 구조들의 예시이다. 비닐계PPV, 파라페닐렌계PPP, PDAF 등 수소, 탄소로만 구성된 고분자들부터, 황산S을 포함한 폴리티오펜, 규소Si를 포함한 규소 수지 계열 등 다양한 종류의 유기 고분자들이 알려져 있다.

도핑

발광층에서 발광하는 분자로는 앞에서 소개한 발광층 분자 외에도 다른 한 가지 종류가 있다. 바로 도판트 분자로, 여기서 '도핑Doping'이란 발광층 분자호스트, Host 속에 다른 종류의 발광층 분자도판트, Dopant를 소량 첨가하는 것을 의미한다. 그렇게 하면 호스트와 도판트 사이에 에

● **도핑**

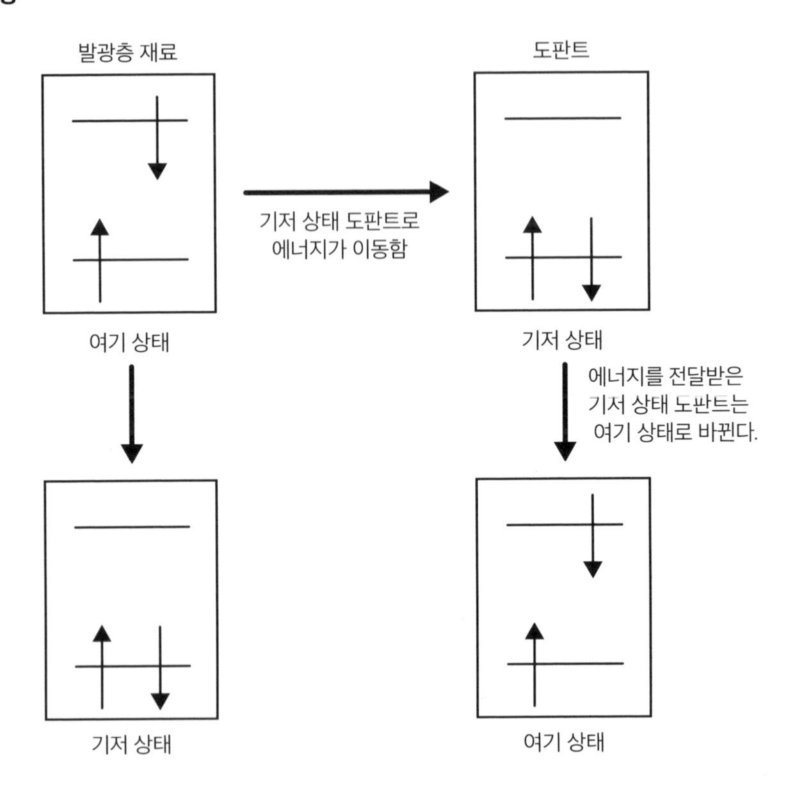

너지 및 전자의 이동이 일어나 다양한 물리적 현상이 나타난다.

OLED에서 처음으로 알려진 도핑Doping의 사례로는 노벨상을 수상한 시라카와 박사가 연구, 발표했던 폴리아세틸렌에 요오드I_2 분자를 도핑해서 금속 수준의 전도체를 구현한 전도성 유기 고분자가 있다.

OLED의 발광층에서 발광층 분자호스트에 소량의 도판트를 섞으면 그림에 나와 있는 것처럼 여기 상태에 있던 발광층 분자의 에너지가 도판트로 이동하여 도판트가 여기 상태가 된다. 이것은 호스트가 에너

● **도판트**

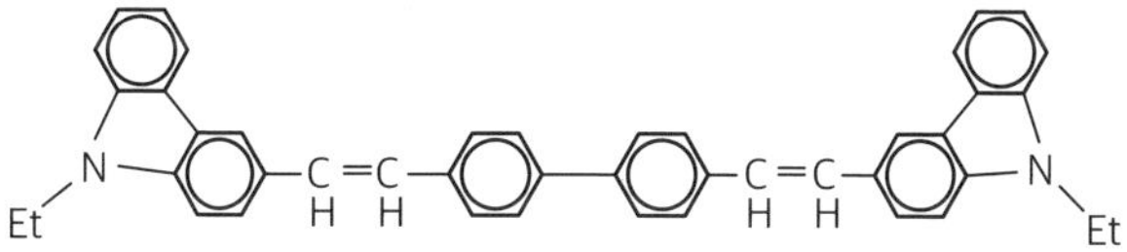

BCzVBi

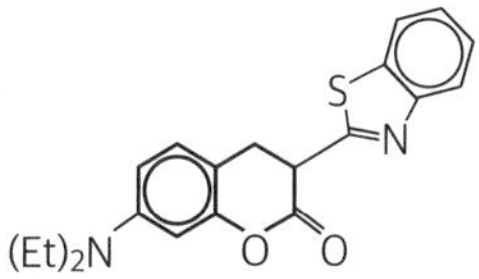

Coumarin 6

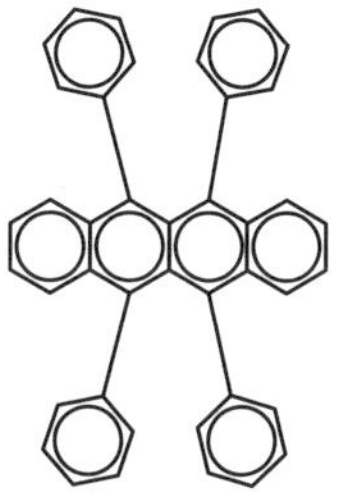

Rubrene

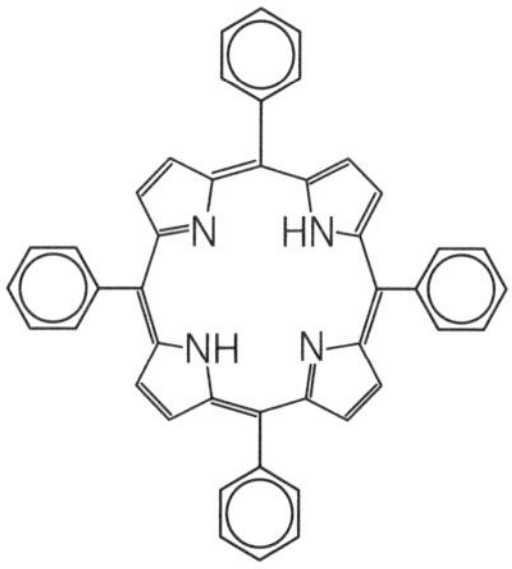

TPP

지 수송 역할을 담당하고, 도판트가 발광층에서 빛을 내는 발광 역할을 하는 것을 보여준다.

도판트는 발광 분자이기 때문에 도판트만으로도 발광층 분자로서 발광층에 사용해도 무방하다. 하지만 발광층 내에서 발광 분자의 농도가 커지면 발광하던 빛이 줄어들게 되어 결국은 발광하지 않게 되는데, 이것을 소광quenching이라고 하며 이러한 소광 현상을 피하기 위해서는 도핑 방법이 OLED 발광에 효과적으로 활용되고 있다. 몇 가지 도판트의 구조를 위에 나타냈다.

TV에서 추리프로그램을 보면 자주 나오는 장면이 살인 현장에서 감식반이 활동하는 모습이다. 범행 현장으로 추정되는 바닥이나 벽에 스프레이를 뿌린 다음, 현장을 암막으로 덮어 어둡게 만들고 정체를 알 수 없는 손전등으로 비춰보면 바닥 한 군데가 푸르스름하게 빛난다.

바로 이것이 그 유명한 루미놀 반응(Luminol test)이다. 푸르스름하게 빛나는 바닥 부분은 혈액으로 오염된 곳을 의미한다. 이때, 스프레이에 들어 있는 액체는 루미놀이라는 분자와 과산화수소(소독약으로 사용되는 옥시풀)를 혼합한 용액이다. 이 액체가 혈액과 반응해서 빛이 나는 건데, 이 반응에서는 촉매가 필요하다. 혈액에 포함된 철(Fe) 원자의 유기 금속 화합물(organometallic complex)인 헴(Heme, 혈액의 주성분인 헤모글로빈에 들어 있는 빨간색을 띠는 화합물)이 여기에 딱 맞는 촉매 역할을 한다.

따라서 스프레이의 액체와 반응이 가능한 헤모글로빈이 있으면 빛이 나고 없으면 빛이 나지 않는다. 이러한 원리를 활용하여 범죄 현장에서 혈액의 흔적이 있는지 없는지를 알아

● **혈흔을 조사 중인 감식관의 모습**

낼 수 있다.

루미놀 반응은 다음과 같이 나타난다. 루미놀 시약의 분자 구조 1이 염기(base)를 반응시키면 N=N 이중결합을 포함한 분자 구조 2로 변환된다. 분자 구조 2가 과산화수소(H_2O_2)와 반응하면 분자 구조 3이 생성된다. 여기에서 중요한 점은 위에서 기술한 반응이 일어나기 위해서는 촉매로서 작용하는 헤모글로빈이 반드시 존재해야 한다는 것이다. 헤모글로빈이 있으면 분자 구조 3이 생성되지만 헤모글로빈이 없으면 3은 생성되지 않는다.

3은 그 이후 질소 분자(N_2)를 내놓고 분자 구조 4로 바뀌게 된다.

문제는, 여기에서 방출된 N_2인데, 이는 매우 안정한 분자로 N_2를 내놓음에 따라서 분자 구조 4는 그만큼 높은 에너지 상태가 된다. 즉, 분자 구조 4는 여기 상태 4*가 된다. 높은 에너지 상태인 4*가 낮은 에너지를 가지는 기저 상태로 떨어지면서 빛이 나는 현상을 루미놀 발광 현상이라고 한다.

위에 기술한 일련의 반응들은 헤모글로빈이 있으면 마지막까지 진행되어 발광하지만 헤모글로빈이 없으면 2번 반응이 생성된 후 멈춘 채 발광하지 않는다. 그런 의미에서 루미놀 반응은 헤모글로빈(혈액) 유무를 판단하는 반응이라고 말할 수 있다.

● **루미놀 반응**

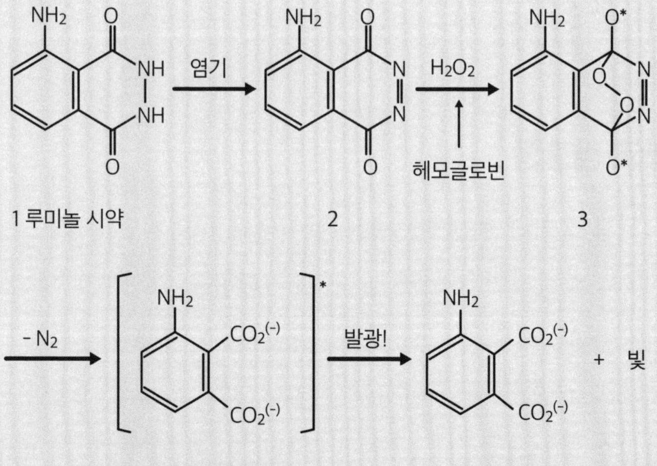

염기 / H_2O_2 / 헤모글로빈

1 루미놀 시약 2 3

$-N_2$ / 발광! / + 빛

4* (여기 상태) 5 (기저 상태)

2-5 인광 발광 재료

분자의 발광 중 현재 활발하게 연구되는 분야는 인광 발광 분자라고 할 수 있다. 인광 발광 분자를 이해하기 위해서는 우선 형광과 인광의 차이점을 알아야 한다.

분자가 발광luminescence하는 것은 크게 형광fluorescence과 인광phosphorescence의 두 가지 형태로 구분할 수 있다. 일반적으로 이야기하는 분자 발광이란 보통 형광을 의미하는데, 현재 OLED에서 활발하게 연구, 개발되고 있는 분야는 인광 발광 분자이다. 그럼 형광과 인광은 어떤 차이점이 있을까?

일중항과 삼중항

형광과 인광은 발광 현상적으로도 차이점을 보이지만, 사실은 발광 메커니즘에서 결정적인 차이가 있다. 메커니즘을 그림으로 나타내보면 오른쪽과 같다.

　전자는 스핀을 가지고 있어서 스스로 회전을 하며, 우회전과 좌회전이 각각 존재한다. 즉 서로 반대 방향으로 회전한다는 의미이다. 보

● **일중항과 삼중항의 상호관계**

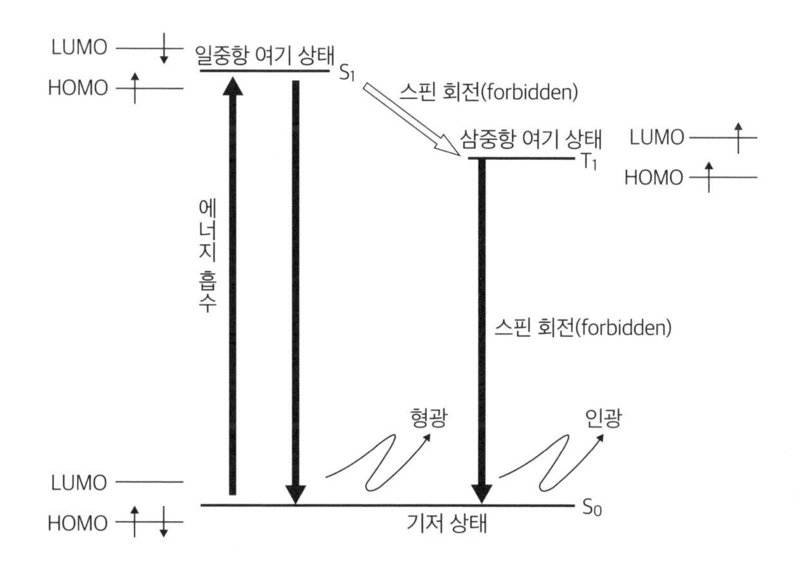

통 물리와 화학에서는 각각의 회전 방향을 화살표를 사용해 상하 방향으로 표시하도록 약속되어 있다. 그리고 한 개의 원자 혹은 분자 오비탈에 두 개의 전자가 채워지면 서로 스핀 방향화살표 방향이 반대로 바뀌어야 한다는 대원칙파울리 배타 원리, Pauli exclusion principle이 존재한다.

기저 상태에 있는 분자는 HOMO에 두 개의 전자가 채워져 있기 때문에 그 전자는 서로 스핀회전 방향, 화살표 방향을 반대로 가진다. 이러한 상태를 일중항S1, Singlet, 기저 상태는 S_0로 표기라고 한다.

이때 기저 상태의 분자가 에너지를 흡수하게 되면 HOMO에 있는 전자 한 개가 LUMO로 이동하고 높은 에너지 상태인 여기 상태가 된다. 이 상태에서 HOMO에 남아 있는 한 개의 전자와 LUMO로 이동한 한 개의 전자는 스핀이 반대 방향이 되면서 일중항으로 바뀐다. 이러한 여기 상태를 일중항 여기 상태Singlet excited state, S_1라고 부른다.

하지만 어떤 특정한 조건에서는 LUMO로 이동한 전자의 스핀 방향이 반전이 되어 스핀 반전, Spin flip HOMO에 있는 전자의 스핀 방향과 같은 방향이 될 수 있다. 이러한 상태를 삼중항이라고 한다 T_1, Triplet. 그러나 이러한 스핀 반전은 보통은 일어나기 힘든 현상이어서 쉽게 일어나지 않을 뿐만 아니라 일어나더라도 긴 시간이 소요된다. 또한, 일반적으로 삼중항은 대응하는 일중항보다 더 안정한 에너지 상태를 가진다 $E(S_1)>E(T_1)$.

형광과 인광

일중항 여기 상태 singlet excited state 에서 발광하는 빛을 형광 fluorescence 이라고 하며, 삼중항 여기 상태 triplet excited state 에서 발광하는 빛을 인광 phosphorescence 이라고 한다. 따라서 형광과 인광의 차이점은 빛이 발광하는 여기 상태가 일중항인지 삼중항인지에 따라 달라지며, 그 차이점은 다음과 같이 정리할 수 있다.

① 우선, 삼중항은 일중항보다 낮은 에너지를 갖는다 $E(S_1)>E(T_1)$. 따라서 삼중항에서 나오는 인광은 일중항에서 나오는 형광보다 에너지가 작다. 따라서 인광의 발광 파장은 형광 발광 파장보다 장파장이다.

② 삼중항 여기 상태에서 발광해서 일중항 기저 상태로 돌아오기 위해서는 스핀을 반전 spin flip 시켜야 한다. 따라서 인광 발광은 쉽지가 않고, 발광을 하더라도 시간이 더 걸리게 된다. 보통 형광일 때는 에너지 흡수에서 발광까지 10^{-5}초 정도 걸리는 반면, 인광은 보통 10초 정도의 시간이 걸린다.

인광 발광 재료

OLED에서 발광 분자가 기저 상태에서 여기 상태가 되는 과정은 에너지를 흡수해야 하는 것뿐만 아니라 전자 스핀 방향의 변화도 수반된다. 보통 OLED의 발광층 분자가 여기 상태가 될 때는 일중항 : 삼중항 =1 : 3의 비율로 여기 상태가 두 종류 존재하게 된다. 즉, 25%는 일중항, 75%는 삼중항의 여기 상태가 만들어진다.

하지만, 보통 우리가 알고 있는 유기 발광층 분자들은 일중항에서만 발광형광이 된다. 이러한 형광 발광의 경우, 최대 발광 효율은 25%의 일중항 여기 상태에서 나오는 빛인 25%에 지나지 않고, 나머지 75%의 삼중항 여기 상태는 빛으로 발광하지 않고 열과 진동 에너지 등으로 소모가 되며, 즉 그냥 사라지는 것과 마찬가지인 상황이 된다. 만약에 삼중항에서 발광인광 발광을 할 수 있다면, 75% 삼중항 여기 상

● 인광 발광 분자

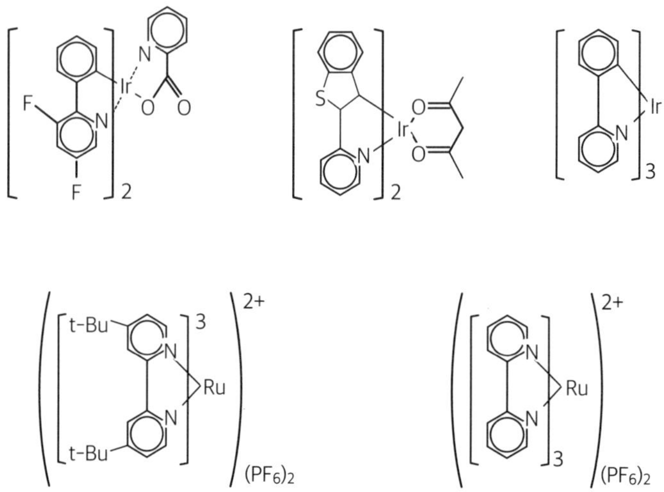

태에서 나오는 75%인광를 발광할 수 있을 뿐 아니라 인광을 발광하는 분자는 형광 발광도 같이 가능하기 때문에 전부 75%인광+25%형광=100%의 발광 효율이 가능하다. 그러한 의미에서 현재 인광 발광 분자에 대한 연구, 개발이 활발하게 이루어지고 있다.

앞 페이지 그림은 여러 가지 인광 발광 분자의 구조들을 보여주고 있다. 모두 금속 착체metal complex들이며 이리듐Ir, 백금Pt, 오스뮴Os, 루테늄Ru등의 희토류rare earth 금속이 많이 사용되고 있다. 희토류 금속은 지구상에서 희소성이 있는 원소들이기 때문에 희토류 외의 금속을 인광 발광 분자로 사용하려는 연구가 적극적으로 이루어지고 있다.

오늘날 사용되는 유기물은 과거 우리가 알고 있던 유기물과는 분명히 다르다. 단단하고 튼튼하며 내열성을 가진 것뿐만 아니라 전기가 통하는 전도성을 가지고 있으며, 자석을 끌어당기고, 철에 달라붙는 등 기존의 금속만이 가지고 있던 특성을 가진 유기물이 많이 개발되고 있다. 이렇듯 유기물이 금속이 사용되는 분야에서 활용 영역을 점점 넓혀가고 있다. 머지않아 현재 희토류 금속이 사용되는 분야를 유기물이 대체할지도 모를 일이다.

최근에 희소 금속(rare metal), 희토류(rare earth elements)라는 단어를 자주 접하는데, 이것들은 어떤 물질을 의미하는 걸까? 희소 금속은 말 그대로 희소성이 있는, 전 세계적으로 매장량이 아주 적은 금속이다. 그렇다면 희토류(稀土類)에서 '토(土)' 즉 'earth'는 어떤 의미일까? 단어 뜻 그대로 '지구'일까? 아니면, '희소성이 있는 지구'라는 뜻일까?

'earth'에는 '지구' 이외에도 '흙, 모래'라는 의미가 있다. 그렇다면 '희소성 있는 흙'이라고 생각하면 될까? 이러한 질문에 문과 계열 사람들처럼 단어를 사전적인 의미만으로 해석하면 안 되겠지만 일단 희소 금속, 희토류라는 이름으로 불러보자.

희소 금속

희소 금속은 사전적인 의미처럼 희소성이 있는 금속이다. 주기표에 나와 있는 것처럼 전부 47종이며, 자연계에 존재하는 원소의 종류는 약 90종류이기 때문에 절반 이상을 희소 금속이 차지한다고 볼 수 있다. 따라서 희소 금속에서 '희소'는 사전적인 의미와는 조금은 다르게, 아래 세 가지 정의 중 하나라고 이야기할 수 있다.

① 지구상에서 희귀함　② 일본에서 희귀함　③ 분리 정제가 어려움

● **희소 금속과 희토류**

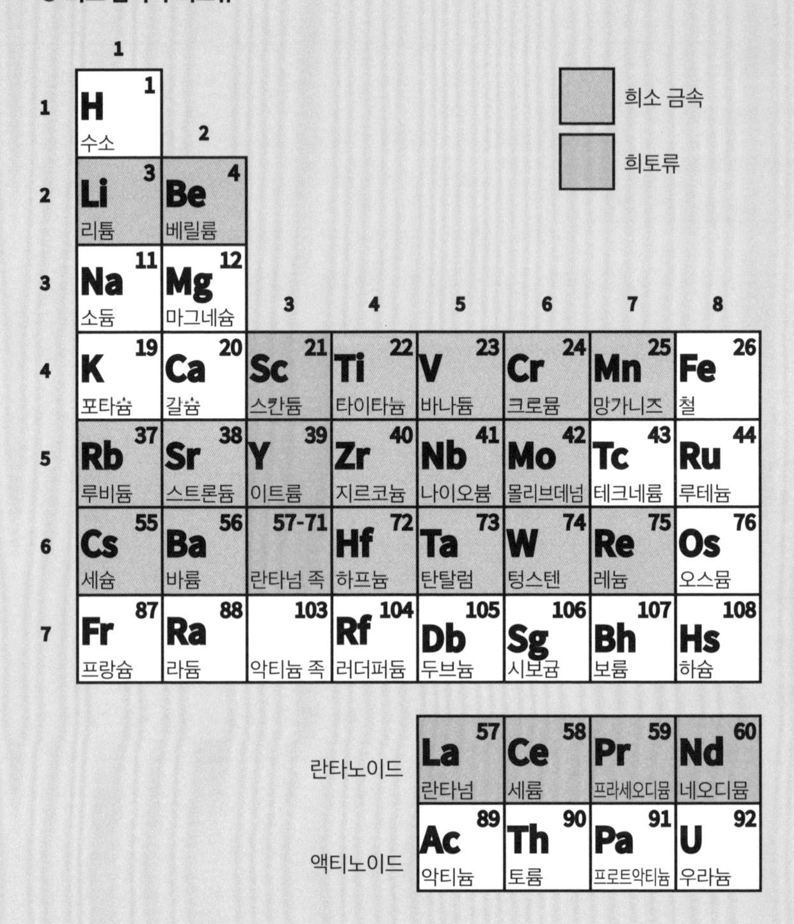

두 번째 정의에서 '일본에서'라는 말의 의미는 단지 지역적인 조건을 말하는 것이 아니라, 정치, 경제적인 조건을 말한다.

세 가지 정의 중에서 어느 하나라도 만족한다면 '희소 금속'으로 인정받을 수 있다. 전 세계에 아무리 그 양이 풍부하게 존재한다 해도 일본 내에서 희소하다면 희소 금속이 되는 것이다. 이 경우에 희소 금속은 일본에서만 적용되는 단어일 뿐이다. 즉 일본 입장에서는 '희소 금속'이지만, 중국에서는 아주 흔한 '범용 금속(common metal)'이 될 수도 있다.

예를 들어 옛날에는 백열전등의 필라멘트로 사용되었고, 현재는 초강도 냄비, 초내열 냄

9	10	11	12	13	14	15	16	17	18
									2 He 헬륨
				5 B 붕소	6 C 탄소	7 N 질소	8 O 산소	9 F 플루오린	10 Ne 네온
				13 Al 알루미늄	14 Si 규소	15 P 인	16 S 황	17 Cl 염소	18 Ar 아르곤
27 Co 코발트	28 Ni 니켈	29 Cu 구리	30 Zn 아연	31 Ga 갈륨	32 Ge 저마늄	33 As 비소	34 Se 셀레늄	35 Br 브로민	36 Kr 크립톤
45 Rh 루테늄	46 Pd 팔라듐	47 Ag 은	48 Cd 카드뮴	49 In 인듐	50 Sn 주석	51 Sb 안티모니	52 Te 텔루륨	53 I 아이오딘	54 Xe 제논
77 Ir 이리듐	78 Pt 백금	79 Au 금	80 Hg 수은	81 Tl 탈륨	82 Pb 납	83 Bi 비스무트	84 Po 폴로늄	85 At 아스타틴	86 Rn 라돈
109 Mt 마이트너륨	110 Ds 다름슈타튬	111 Rg 뢴트게늄	112 Cn 코페르니슘	113 Nh 니호늄	114 Fl 플레로븀	115 Mc 모스코븀	116 Lv 리버모륨	117 Ts 테네신	118 Og 오가네손

61 Pm 프로메튬	62 Sm 사마륨	63 Eu 유로퓸	64 Gd 가돌리늄	65 Tb 터븀	66 Dy 디스프로슘	67 Ho 홀뮴	68 Er 어븀	69 Tm 툴륨	70 Yb 이터븀
93 Np 넵투늄	94 Pu 플루토늄	95 Am 아메리슘	96 Cm 퀴륨	97 Bk 버클륨	98 Cf 캘리포늄	99 Es 아인슈타이늄	100 Fm 페르뮴	101 Md 멘델레븀	102 No 노벨륨

비 등의 재료로 사용되는 텅스텐(W)은 세계 생산량 중 90%에 가까운 양을 중국에서 생산한다. 리튬 전지의 원료가 되는 리튬(Li)은 칠레, 호주, 아르헨티나 등이 전 세계 생산량 중 70%를 차지하고 있다. 그러나 리튬은 일본에서는 생산이 안 된다. 따라서 리튬이 바로 일본에서의 '희소 금속'이다.

신이 꽤 편파적이라고 생각할 수도 있는데, 일본에서는 산업체에서 많이 사용되는 희소 금속들이 거의 생산되지 않는다. 그렇기에 그만큼 부지런한 사람들을 일본에 많이 태어나게 한 게 아닌가 생각하고 싶은데, 글쎄… 요즘은 이것도 잘 모르겠다.

희토류

그렇다면 희토류는 어떨까? 일단 짚고 넘어가야 할 점은 '희소 금속'과 '희토류'는 서로 다른 물질이 아니라는 것이다. 희토류는 '희소 금속의 일종'이라 할 수 있다. 희소 금속 중 특정한 원소들을 희토류라고 표현하는 건데, 그럼 여기에서 특정한 원소들은 무엇일까? 희토류는 17종이나 된다. 즉, 희소 금속 47종 중 17종이 희토류이다. 희소 금속이 마치 대가족과 같이 많은 종류의 물질 원소를 포함한다는 의미이기도 하다.

희토류는 주기율표에 나와 있는 것처럼 3족 원소 중에서 악티늄족 원소(15종)들을 제외한 원소들을 말한다. 희토류는 정제하면 금속이지만 자연계에 존재할 때는 흙이나 모래와 같은 모습으로 존재한다. 그래서 '희소한 흙이나 모래(rare earth)'라는 멋없는 이름으로 불리고 있다.

희소 금속과 희토류의 기능

일반적으로 희소 금속은 단일 물질 상태로 존재하지 않고 대부분은 철(Fe)과 섞인 합금 상태로 존재하는데, 적은 양으로도 합금의 강도, 내열성, 자기적 특성 등을 획기적으로 향상시킨다. 현재 사용되는 철강들은 순수한 철(Fe)만으로 구성된 철강 제품보다는 대부분 희소 금속을 섞은 합금 제품이다.

게다가 희토류는 금속 관련 산업계에서는 아주 효용성이 높다. 자기적 특성, 발광, 발색, 레이저 등의 현대 과학에서 최첨단을 달리는 재료 제품군에는 모두 희토류가 어떠한 방식으로든 들어가 있다. 일본의 현대 과학 산업에서 희토류는 없어서는 안 되는 물질이다. 이러한 희토류에 의존하는 상황에서 벗어나기 위해서는 희토류 대체 물질을 새로 연구, 개발해야 하며 특히 젊은 과학자들과 기술자들의 노력이 필요하다.

● 희소 금속과 희토류의 관계

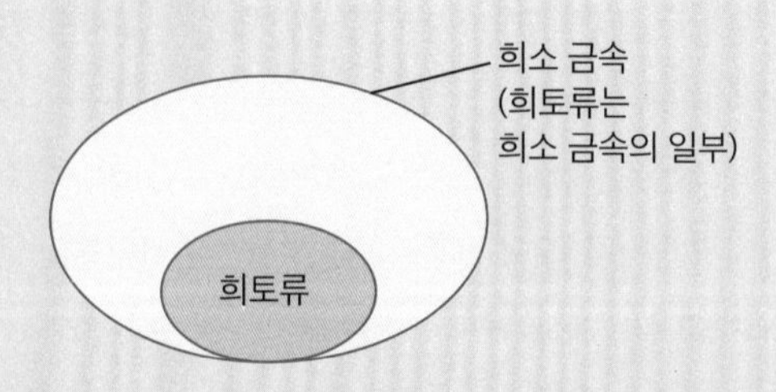

제3장

OLED 디스플레이 제작 방법

제3장에서는 드디어 OLED 디스플레이 제작 방법을 설명한다. 디스플레이에서 컬러(색상)를 구현하는 방법과 화면을 표시하는 방법 등의 원리를 알아보고, 그와 함께 LCD, PDP 형태 디스플레이의 원리와 OLED 디스플레이와 비교했을 때의 장점과 단점에 대해서도 소개한다. OLED 디스플레이만이 가지는 특징을 이번 장에서 제대로 파악해보자.

3-1 OLED 소자 제작 방법

이번 장에서는 OLED 디스플레이 제작 방법에 대해 설명하고자 한다. 몇 가지 방법이 존재하는데, 그 차이를 제대로 이해해보자.

앞에서 OLED를 구성하는 수송층 분자, 발광층 분자에 어떤 성능이 요구되며 이를 충족하기 위한 유기 분자들은 어떠한 것들이 개발되고 있는지 살펴보았다. 이번에는 그러한 분자들을 사용하여 실제 OLED 소자, 더 나아가 OLED 디스플레이를 구성하기 위해서는 구체적으로 어떻게 해야 하는지 살펴보자.

건식법

지난 장에서 확인한 것처럼 OLED 소자를 만들기 위해서는 음극cathode, 양극anode 두 전극 사이에 전자 수송 분자, 발광 분자, 정공 수송 분자 등 총 세 가지 종류의 유기물을 샌드위치 형태로, 즉 적층 형태로 만들어야 한다. 이를 위해 몇 가지 방법들이 개발되어서 적용되고 있다. 유기물 중 분자량이 작은 저분자small molecule인지, 또는 단위

분자monomer가 규칙적으로 많이 연결된 고분자polymer인지에 따라서 OLED 소자의 제작 방법은 달라지게 된다.

저분자 계열의 발광 분자를 사용하는 경우에는 전자 수송층 분자, 발광층 분자, 정공 수송층 분자들의 각각의 박막들을 만들어서 적층을 해야 한다. 가장 간단한 방법은 유기 분자 파우더를 용매에 녹여서 용액을 만들고, 그 용액을 사용하여 박막을 제작하면 인접한 각각의 박막층 사이의 경계면에서 각 층의 분자들이 서로 섞일 수 있다. 그러나 이런 방식으로 제작된 OLED 디스플레이에서는 깨끗한 화질을 기대하기 힘들다.

따라서 저분자 유기 분자를 사용할 경우에는, 유기 분자 파우더를 용액으로 만들지 않고, 분자 파우더를 용매 없이 '건조dry'하는 방법으로 박막을 제작해야 하며, 이렇게 개발된 방법을 '건식법dry process'이라고 한다.

a. 진공 증착법

진공 증착법vacuum evaporation은 건식법의 전형적인 방법이다. 플라스틱 필름 등에 금속의 박막을 증착해, 빈틈없는공기가 들어갈 수 없는 라미네이트 필름 등을 만들 때 사용한다. 높은 진공 상태인 밀폐된 박스 안에서 유기 분자 파우더를 가열함으로써 기화sublimation가 일어나고, 기화된 유기 분자들을 상온의 유리 혹은 금속 기판 위에 부착시켜 박막thin film을 만든다.

고진공 상태에서는 고온으로 온도를 높이지 않아도 유기 분자들의 기화가 잘 이루어지기 때문에 실용성이 높은 방법이다.

● **진공 증착법**

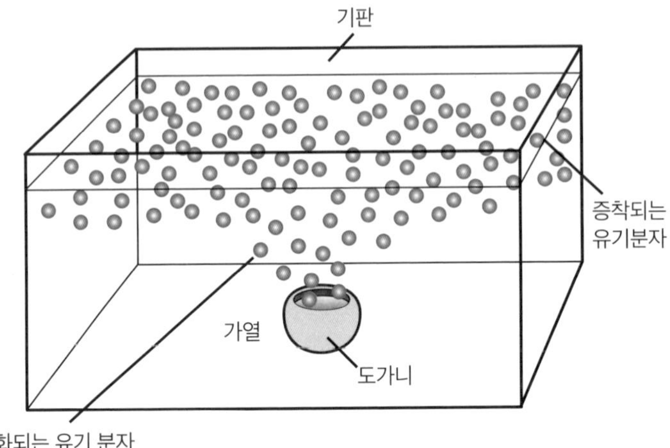

b. 스퍼터링 증착법

다른 증착 방법으로는 스퍼터링sputtering 증착법이 있다. 스퍼터링은 진공 증착의 일종인데, 아르곤Ar 등의 비활성 기체 존재하에서 높은 전압을 걸어 아르곤 기체를 이온화시켜 가속시키고, 이온화된 아르곤 기체를 유기물 타깃에 충돌sputtering시킨다. 이때 유기물 타깃에서 튀어나오는 유기 분자들이 유리기판에 부착되어 박막화되는 방법이다. 이 방법은 증착 타깃이 되는 유기 분자를 고온에서 가열할 필요 없이 박막을 만들 수 있다는 것이 장점이다.

하지만 유기 분자는 두 개 이상의 원자 사이 결합을 포함한 복잡한 구조체이다. 이러한 민감한 구조체에 아르곤 기체 이온에 의한 충격을 주면 화학 결합이 깨질 수 있다. 분자가 분해될 가능성이 있다는 의미다.

스퍼터링 증착법은 전극의 박막 제작처럼 주로 금속을 증착하여 박막을 만드는 유용한 방법이지만, 유기 분자에는 적합하지 않다. 따라서 유기 분자 증착에는 고진공 상태에서 가열해서 유기 분자를 기화시키는 열증착법thermal evaporation이 사용되고 있다.

c. 리니어 소스 증착법

리니어 소스linear source 증착법이란 진공 증착법을 실용적으로 응용한 방법으로, 공장에서 OLED 패널을 양산하는 데 사용된다. 보통 증착이 필요한 유기물증착 물질을 길고 가느다란linear 가열 용기evaporater에 넣고, 그 위로 기판substrate을 통과시키는 방법이다. 그렇게 하면 한 번에 기판 전체에 균일한 두께로 유기물 증착을 하는 것이 가능하다.

또한 리니어 소스 여러 개를 병렬로 정렬하면 기판에 순서대로 각각 종류가 다른 유기물을 증착할 수 있다. 즉, 전자 수송층 분자, 발광층 분자, 정공 수송층 분자 파우더를 넣은 세 개의 가열 용기도가니, Crucible를 배열하면 한 번에 세 가지 종류의 유기물을 순차적으로 증착할 수 있다.

● 리니어 소스 증착법

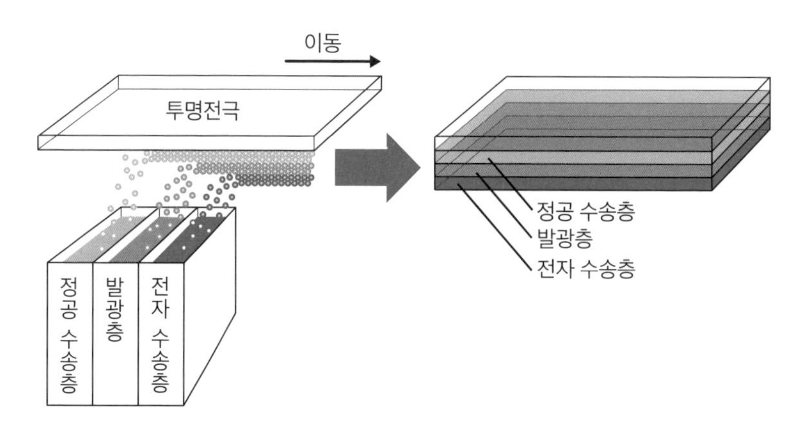

3-2 고분자를 이용한 소자 제작 방법

OLED 소자에 사용되는 유기물로서 유기 고분자 계열의 소재들도 개발되고 있다. 이 장에서는 유기 고분자를 사용한 OLED 소자 제작 방법을 소개하고자 한다.

고분자 계열의 OLED 발광 재료는 전자/정공 수송 계열, 발광 계열의 단위 고분자들이 한 고분자 내에 같이 포함된 경우가 많다. 즉, 저분자처럼 다른 특성의 재료들을 한 층씩 적층하는 게 아니라 한 종류의 고분자층만 형성하면 되는, 매우 편리한 장점을 가진 좋은 재료라고 말할 수 있다. 이러한 고분자 소재들은 액체 또는 용액 형태로 사용이 가능하다. 이를 습식법 wet process 이라고 한다.

스핀 코팅법

습식법 중에는 스핀 코팅법 spin-coating process 이 있다. 이는 비에 젖은 우산을 회전시켜 빗물을 날리는 모습과 비슷하다.

옛날 레코드판 LP 음반 과 같이, 기판을 고속 회전 스핀 시키면서 기판 위에 고분자 용액을 떨어트리게 되면 원심력으로 고분자 용액이 기판

● **스핀 코팅법**

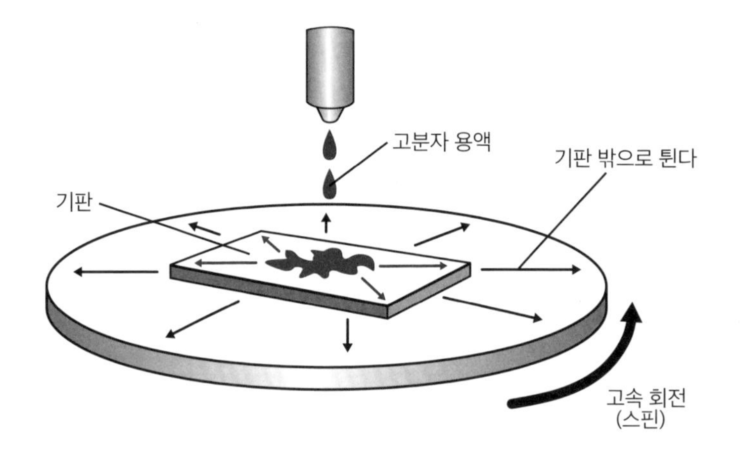

위에 얇게 퍼지면서 기판에 고분자들이 코팅된다.

편리하고 효율적인 방법이지만 많은 양의 고분자 용액이 스핀 코팅 과정 중에 기판에서 튀어버리기 때문에 손실이 많다. 어렵게 개발한 비싼 고분자 재료를 이렇게 낭비해버리는 건 너무 아까운 일이다. 스핀 코팅법은 간단하고 편리하지만 연구용이면 모를까, 제품의 양산 목적이라면 경제적인 면에서 적절한 방법이라고 말할 수 없다.

잉크젯법

잉크젯법 Ink-jet process 은 컴퓨터용 프린터 등의 프린팅 기술에 활용되는 잉크젯 방식을 사용해 고분자 용액을 기판에 분사하여 박막을 만드는 기술, 즉 프린팅 방법 printing process 이다. 매우 정밀하고, 용액의 분사 위치 제어가 가능하며, 고분자 용액을 만들면 바로 잉크젯 방식을 적용할 수 있어서 스핀 코팅법보다 더 진보된 기술이라고 말할 수 있다.

● **잉크젯법**

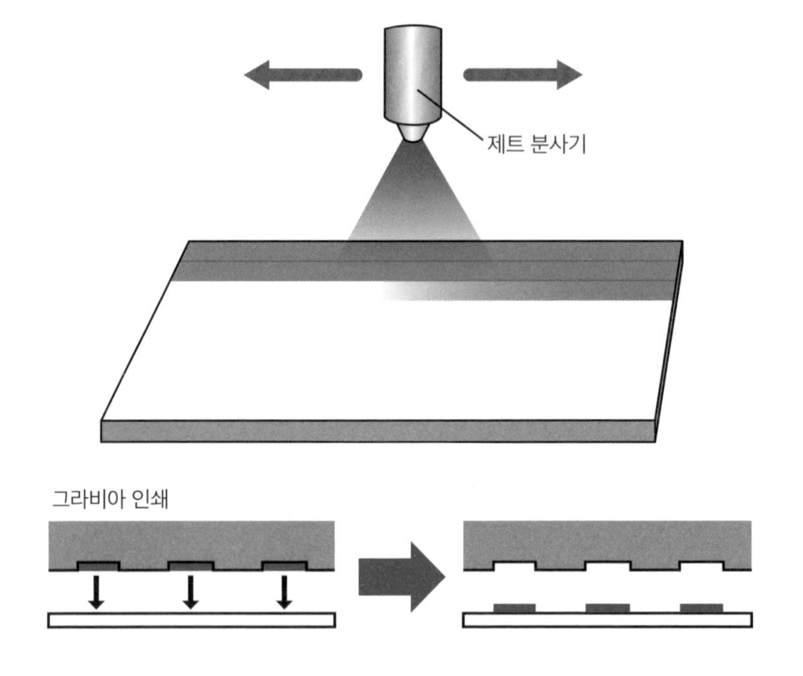

고분자 용액은 프린터에 사용되는 인쇄용 잉크와 같은 특성을 가지는 액체, 혹은 잉크 그 자체라고 해도 좋을 만한 소재이다. 따라서, 고분자 용액의 박막을 만드는 데 프린팅 기술은 아주 활용성이 높은 방법이다. 그중에서도 특히 주목받고 있는 기술이 요판 인쇄법engraving printing, 그라비아 인쇄법gravure printing이다. 이는 구리판에 부식 내지는 식각을 해서 그곳에 잉크를 넣어서 인쇄하는 방법으로, 미술 인쇄 등에 활용되는 방법이다.

OLED 소자에서 전극의 하나인 음극도 증착법을 이용하여 제작된다. 유기물 박막 위에 금속막을 증착한다는 의미이다. OLED 소자를 구동시키기 위해서 아래와 같은 매트릭스 방식을 사용한다. 이 방식을 위해서는 양극(anode: ITO)과 음극(cathode: 금속 증착막)을 서로 직각으로 교차하는 띠 형태로 만들어야 한다. 이 경우, 음극의 금속 증착 박막을 띠 모양으로 가공한다. 이를 위해서는 다음과 같은 두 가지 방법이 가능하다.

A: 유기물 박막 위에 금속을 전면으로 증착한 다음 증착된 금속 박막을 선 형태로 긁어내서 띠 모양을 만든다.

B: 섀도우 마스크(shadow mask)를 사용하여 금속을 선 형태로 증착한다. 이때 마스크로 가려진 부분은 금속이 증착되지 않는다.

여기서 A는 금속 박막을 긁어낼 때 유기물 박막에 손상을 줄 수 있기 때문에 실제로는 섀도우 마스크 방식을 더 많이 사용한다.

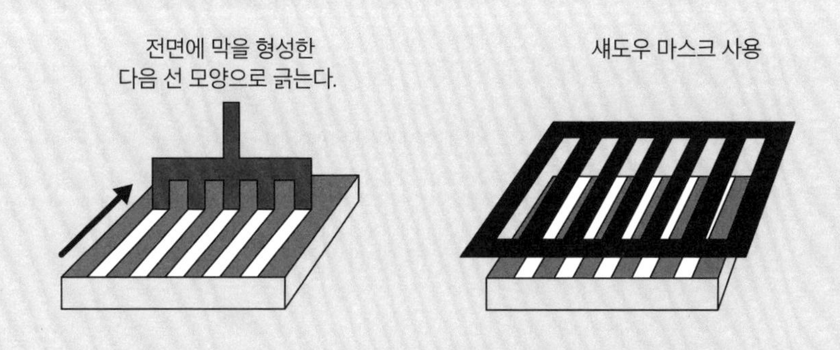

3-3 컬러 표시의 원리

이번에는 OLED 디스플레이를 컬러화하는 방법을 설명하고자 한다. 이를 위한 방식 또한 다양하니 하나씩 살펴보기로 하자.

앞에서는 OLED 소자의 제작 방법에 대해 알아보았다. 옛날에는 TV 디스플레이 화면에 나타나는 컬러는 한 가지 컬러의 발광층 소자로 구현되었으며, 발광층 소자에 들어가는 발광 분자의 컬러로 한정되었다. 이를 우리는 모노크롬 디스플레이monochrome display라고 한다. 모노크롬은 다양한 컬러를 구현할 수 없기에 현재의 디스플레이에 적용할 수 없다. 그렇다면 컬러 디스플레이는 어떻게 만들 수 있을까?

컬러 필터 방식

컬러 필터color filter(C/F) 방식은 가장 간단한 컬러화 방법이며, 연극무대에서 사용되는 컬러 조명 방법과 동일하다. 즉, 백색광 광원을 켜놓은 상태에서 광원 앞에 적색, 청색, 녹색의 '빛의 삼원색' 필터를 씌우는 원리로 컬러를 구현한다.

● **컬러 필터 방식**

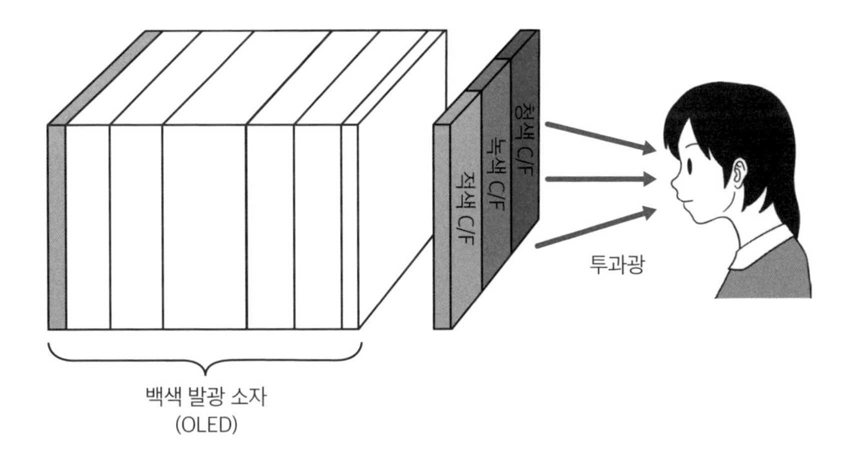

이 방법은 LCD 디스플레이와 PDP 디스플레이 등에도 사용되는 방법이다. 디스플레이 화면은 100만 또는 1000만 화소pixel 등으로 세밀하게 화면이 분할된 것을 다시 세 개로 똑같이 분할한다. 이 분할된 세 개의 각각의 화소를 서브 픽셀sub pixel이라고 한다. 그리고 세 개의 서브 픽셀 위에 적색, 청색, 녹색 컬러 필터를 올리게 된다.

그다음 각각의 서브 픽셀들의 휘도밝기를 전기적으로 조절하면 임의의 다양한 컬러 구현이 가능하다. 원리적으로는 매우 간단한 이야기처럼 들릴지 모르겠지만, 이것을 실제로 디스플레이로 만들어서 전체 화면을 완전히 독립적으로 조정한다고 하면 '정말로 이게 가능해?'라고 생각할 수도 있다. 하지만 그것은 전기에 대해 잘 모르는 화학자들이나 하는 말이다. 전기공학자들에게는 전기를 이용해 컬러를 컨트롤하는 건 너무나 당연한 일이리라고 생각한다.

삼색 발광 방식

OLED의 가장 큰 장점은 컬러를 띤 빛을 낼 수 있다는 점 자발광이다. 즉 컬러 필터를 사용하지 않고도 다양한 컬러를 띠는 빛을 만들어내는 것이 가능하다. 이러한 방식을 삼색 발광 방식이라고 한다. 삼색 발광 방식은 말 그대로 빛의 삼원색인 적색, 녹색, 청색의 빛을 발광시키면서, 각 컬러의 밝기를 독립적으로 제어해 다양한 천연색 컬러를 구현하는 방법이다.

OLED의 강점은, 거의 원하는 모든 색의 빛을 낼 수 있는 유기 발광 분자들의 합성이 가능하다는 것이다. 따라서 빛의 삼원색에 해당하는 빛을 발광하는 OLED 소자를 각각 제작할 수 있고, 독립적으로 발광이 가능하다. 원리적으로나 기술적으로나 가장 단순한 방법이지만, 실제 적용을 할 때 다음과 같은 문제가 발생한다.

화학적인 문제는 빛의 삼원색을 나타내는 유기 발광 분자의 소자에서의 발광 수명이다. 예를 들어 적색, 녹색, 청색 세 종류의 유기 발

● **삼원색 발광 방식**

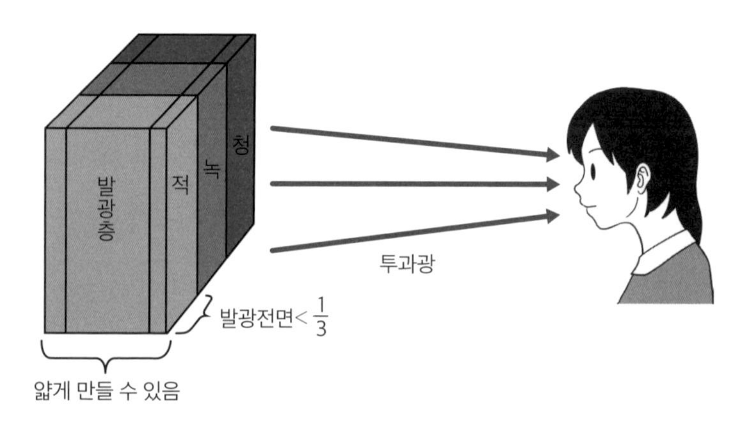

광 분자로 제작한 OLED 소자를 같이 배열해놓으면 적색, 녹색, 청색 빛의 발광 강도의 조화가 잘 이루어진 좋은 컬러를 디스플레이에서 구현할 수 있지만, 만약 이 중 하나의 발광 분자가 열화degradation를 먼저 하게 되면 컬러 밸런스color balance가 무너지게 된다.

삼색 적층 소자 구조

앞에서 소개한 내용은 컬러 표시를 위해 삼색 발광이 되는 각각의 OLED 소자, 즉 서브 픽셀을 옆으로 배열하는side by side 방법이었다. 예를 들어서 디스플레이 화소pixel가 빨간색으로 보이는 건 화소를 구성하는 세 개의 서브 픽셀 중에서 빨간빛이 나는 서브 픽셀만 발광하기 때문이다.

이 방법은 디스플레이의 해상도를 향상하는 데 기술적인 한계가 있다. 그럼 이 방법을 개선하고 해상도를 높이기 위해서는 어떻게 해야 좋을까? 디스플레이 화면의 실제 발광 면을 넓히는 방법은 없을까?

● 삼색 적층 구조

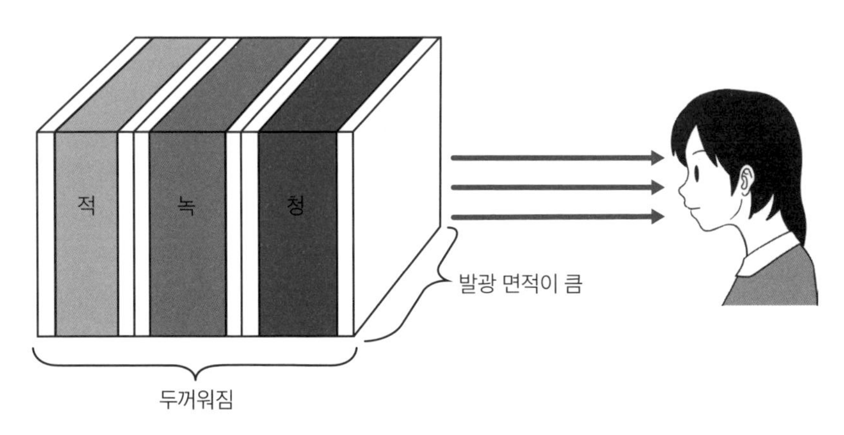

방법은 간단하다. 적색, 녹색, 청색의 빛을 내는 OLED 소자들을 각각 위에서 아래로 겹치면 해결된다. 이것을 바로 삼색 적층 소자 구조라고 한다.

삼색 적층 소자 구조에서 중요한 키는 제어 시스템이다. 삼색층을 각각 독립적으로 제어해야 하기 때문에 각 컬러층에 전극을 연결시켜야만 한다. 이를 위해 각각의 삼색 발광층 소자 사이에 투명 전극을 삽입할 필요가 있다. 그런데 이 투명 전극은 다음과 같은 문제를 야기하게 된다.

① 각각의 삼색 발광층 소자에서 나오는 빛이 투명 전극층을 투과해야만 하기에 각각의 발광층 소자에서 나오는 빛의 휘도를 높여야만 한다. 휘도를 높이기 위해서는 발광층 소자에 주입되는 전기량을 늘려야 하는데 그렇게 하면 발광 소자를 구성하는 유기 발광 분자의 수명이 짧아지게 된다. 즉, 앞에서 이야기한 컬러 밸런스가 무너지게 된다.
② 적층된 발광 소자들을 구성하는 유기물층들의 개수가 늘어나서 그만큼 전체 디스플레이가 두꺼워지고 무게도 무거워진다.
③ 투명 전극은 금속 박막층이기 때문에 투명 전극의 개수가 늘어나게 되면 삼색 적층 소자의 제작 비용이 높아지고 제작 공정도 길어진다. 당연히 제품 가격도 비싸지게 된다.

OLED 소자에서 컬러화를 구현하는 방법으로 색 변환(color conversion) 기술이 있다. 형광 물질을 사용하는 방법으로, 청색 발광을 하는 화소를 세 개로 분할해(즉 세 개의 서브 픽셀), 한 서브 픽셀에는 형광 물질을 올리지 않고 나머지 두 개의 서브 픽셀 위에 각각 적색과 녹색을 띠는 형광 물질을 올리면 청색, 녹색, 적색의 빛을 발광하게 되는 원리다.

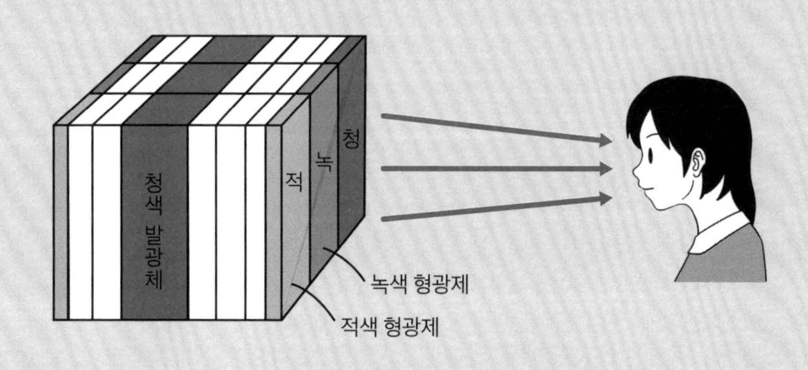

3-4 화면 표시(구동)의 원리

OLED 소자는 전류를 흘려서 발광한다. 여기서는 OLED 소자에 전류를 흘려주는 두 가지 방법을 이용한 화면 표시(구동) 원리를 소개하고자 한다.

OLED 소자는 전류가 흐르지 않을 때는 검게 보이며 전류가 흐르면 백색으로 보이거나 선명하고 밝게 발광한다. 따라서 소자를 수만 개 이상 평면 위에 나란히 배열해놓고 적당한 소자에 선택적으로 전류를 흘려주면 모자이크 형태로 화면이 표시되는 것을 확인할 수 있다. 여기서 문제는 어떻게 원하는 소자에만 선택적으로 전류를 인가하는가인데, 패시브 매트릭스passive matrix, 수동형 표시구동와 액티브 매트릭스active matrix, 능동형 표시구동라고 하는 두 가지 방법을 적용할 수 있다.

패시브 매트릭스 표시

앞에서 확인한 것과 같이 OLED 소자에서 발광층은 양극anode과 음극cathode 사이에 샌드위치 형태로 배치되어 있다. 그리고 발광층의 빛은 수송층과 투명 전극을 통과하여 소자 밖으로 나오게 된다.

● **패시브 매트릭스 표시 구조**

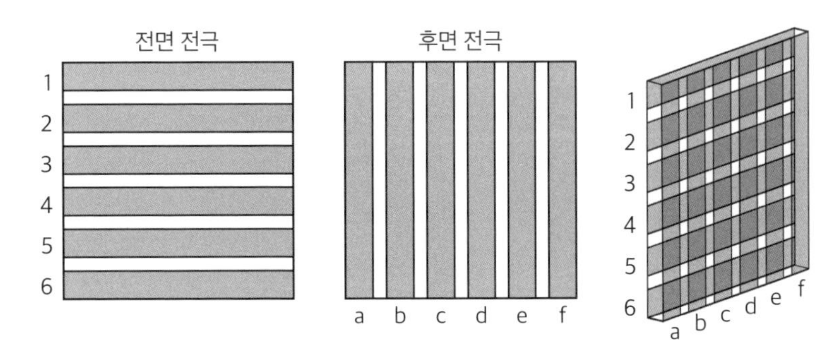

OLED 소자들로 구성된 OLED 디스플레이 패널의 경우, 패널 전면과 뒷면에 배선이 있는데 이 배선들을 전면과 뒷면에서 서로 교차하는 형태로 배치한다. 예를 들면, 그림과 같이 전면에서 가로 방향으로 배선이 되어 있다고 하면, 이 경우 1번 배선은 맨 위쪽에 배열된 소자들 전부로 전류 인가가 가능하다.

뒷면의 경우는 전면과는 반대로 세로 방향으로 배선시킨다. 이 경우 a번 배선은 왼쪽 끝단에 배열되어 있는 소자 모두에 전기를 인가할 수 있다.

다음 페이지의 그림 ①에서 2b에 전류를 인가하면 실제로 전기가 흐르는 소자는 왼쪽 윗부분의 소자 한 개하얀색 박스이며 여기서만 빛이 나게 된다. 그리고 그림 ②에서 2c에 전기를 인가하면 그림에 표시된 대로 소자 한 개만 빛이 나게 된다.

다음으로 그림 ③의 2bcde에 전류를 인가하면 네 개의 소자가 연속으로 빛이 나면서 밝아지며 가로 방향 직선이 표시된다. 그다음에 그림 ④의 5bcde에 전류를 인가하면 역시 가로 방향으로 밝은 직선이 표

● 패시브 매트릭스 표시 잔상 활용 방법

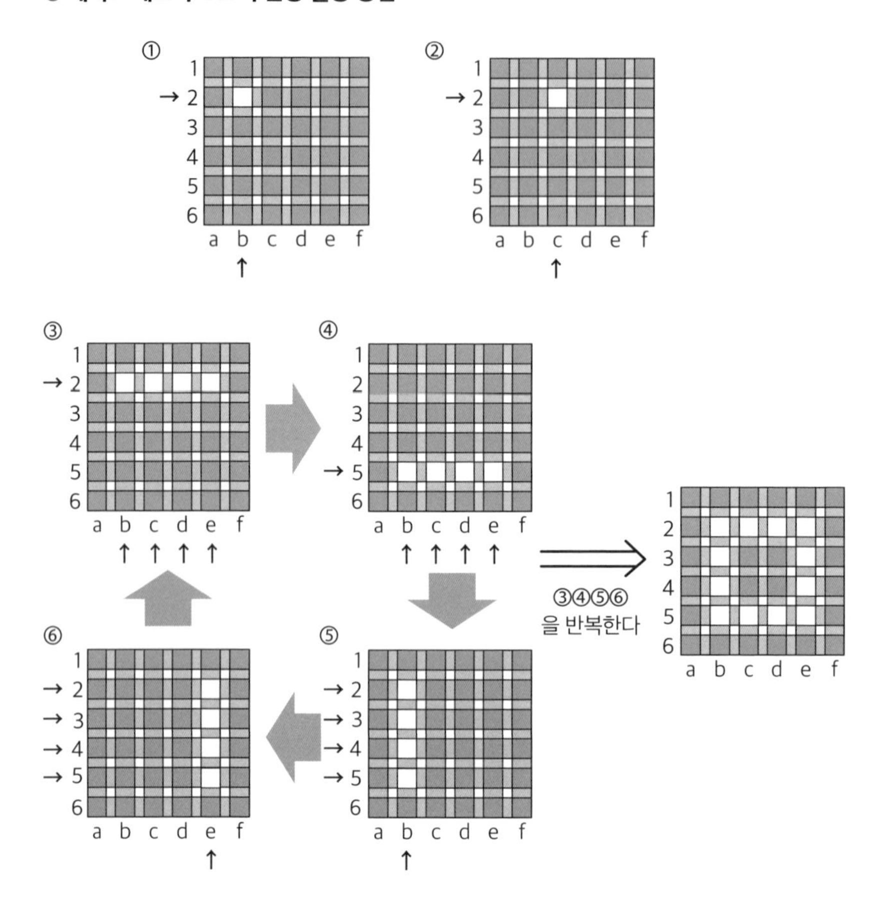

시된다. 즉 2bcde에서 나타나는 밝은 직선이 화면상에서 사라지고 곧 바로 5bcde의 밝은 직선이 새롭게 나타난다.

잔상의 활용

하지만 2bcde~5bcde가 표현하는 밝은 직선이 빠르게 바뀌게 되면 눈에 잔상이 남게 되고, 마치 화면상에서 두 개의 선이 동시에 나타나는 것처럼 보이게 된다.

그리고 여기에다 그림 ⑤의 2345b와 ⑥의 2345e를 더하면 모두 네 개의 밝은 직선이 잔상으로 눈에 남게 되며, 결국 사각형으로 보이게 된다. 이처럼 가로와 세로 방향으로 교차되는 배선들과 잔상 현상 때문에 시각적인 착각을 일으키는 화상 이미지를 표현하는 것이 매트릭스 표시구동의 기본 원리라고 할 수 있다. 이러한 표시구동 방법은 OLED 디스플레이뿐만 아니라 다른 디스플레이에도 사용되는 기본적인 전류 인가를 이용하는 기술이다.

액티브 매트릭스

패시브 매트릭스 방식의 경우, 소자 한 개가 빛이 나는 시간은 소자에 전기를 인가해주는 스위치가 on/off 되는 시간으로, 매우 짧으며 순식간에 바뀐다. 다시 말해서, 화면 전체의 밝기휘도를 생각해보면 개개의 소자들이 순차적으로 빛을 내는 것이고 화면 전체가 한 번에 빛이 나는 건 아니다.

즉 화면을 밝게 보여주기 위해서는 각각의 소자에 많은 전류를 흘려서 강하게 발광을 시킬 필요가 있다. 그렇게 되면 소비전력이 커질 뿐만 아니라 소자를 구성하는 발광층과 수송층들을 구성하는 유기 분자들의 수명 감소를 야기하기 때문에 이 방법이 결코 좋다고는 말할 수 없다.

패시브 매트릭스의 이러한 단점을 극복하기 위해 개발된 것이 액티브 매트릭스 방식이다. 이 방법은 스위치가 on/off 된 다음에도 일정 시간 동안 소자를 계속 빛나게 하는 것으로, 패널 전체에서 보면 단위

● **패시브 방식과 액티브 방식의 차이점**

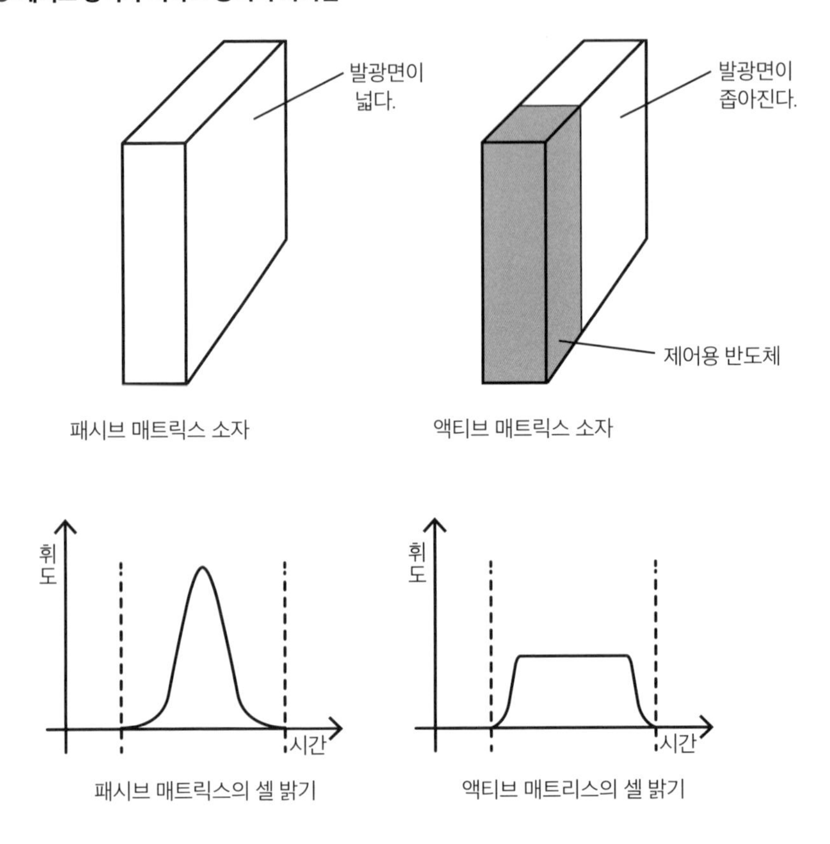

시간당 발광하는 소자의 개수가 패시브 방식과 비교했을 때 수백 배이다. 따라서 작은 전류를 소자에 인가하여 높은 휘도를 나타낼 수 있으며 소자를 구성하는 유기물 수명이 늘어나게 된다.

하지만 액티브 방식에는 구조적인 문제가 있다. 액티브 방식은 개별 소자마다 스위치와 전류를 조작하는 TFTthin film transistor, 박막 반도체와 전류량을 저장하기 위한 커패시터capacitor를 설치해야만 한다. 이러한 보조장치는 소자에서 빛이 나오는 부분, 즉 개구부light sensitive area가 작아진다는 것을 의미한다. 따라서 그만큼 패널 전체의 휘도는 낮아지게 된다. 그리고 복잡해진 구조 때문에 제조 가격도 올라가게 된다.

패시브 방식과 액티브 방식은 둘 중 어느 방법이 더 좋다고 딱 잘라 말할 수는 없다. 일반적으로 패널이 작은 경우에는 패시브 매트릭스 방식도 깨끗한 화면을 얻을 수 있기 때문에 초기 OLED 디스플레이에서는 패시브 방식을 사용했지만, 현재 OLED 디스플레이들은 대부분 액티브 매트릭스 방식을 사용하고 있다.

3-5

OLED 디스플레이의 장점과 단점

지금까지 OLED 소자의 발광 원리에 대해 전체적으로 살펴보았다. 여기서는 LCD 및 PDP 디스플레이와 비교했을 때 어떠한 장점과 단점이 있는지 알아보자.

장점

OLED를 연구해온 연구원이 말하길, OLED에 관한 기초 연구는 초기부터 일본이 주도해왔다고 한다. 하지만 OLED 기술을 상업화하는 데는 뒤처져 있는데, 그 이유는 세계 디스플레이 시장은 아직도 LCD 디스플레이가 주도하고 있으며, 아직은 OLED 패널로 만들어진 대형 디스플레이를 만드는 게 쉽지 않기 때문이다. 그리고 일본의 디스플레이 관련 기업들이 OLED에 별로 관심이 없다든지, 다른 다양한 이유도 존재할 것이라 생각한다.

하지만 결국 일본에서도 최근 들어 OLED 디스플레이 제품이 많은 관심을 끌고 있다. 앞으로 OLED와 LCD 어느 쪽이 시장을 주도해나갈지 흥미로운 지점이다. 그럼 과연 OLED의 장점은 무엇일까?

OLED의 가장 큰 장점은 OLED를 구성하는 유기 분자가 스스로 발광자발광한다는 것이다. 그리고 빛의 삼원색적색, 녹색, 청색 구현이 가능하다는 점이다. 반면에 LCD는 스스로 발광하지 못한다. 즉 광원이 반드시 있어야 하며, 발광 패널이 없으면 화면을 표시할 수 없다. PDP플라스마의 경우 형광램프의 집합체와 같은 것이므로 스스로 빛의 삼원색을 구현할 수 있다. 이러한 점에서 PDP는 OLED와 비슷하지만 발광체의 크기가 다르다. 분자는 크기가 아주 작기 때문에 형광 램프가 아무리 개량된다 해도 형광 램프 크기가 유기 발광 분자 크기를 따라잡을 수는 없다.

OLED의 장점을 정리해보면 다음과 같다.

① 스스로 발광하며 화면의 선명도가 높고 선명한 색상 구현이 가능하다.
② 소자와 패널 구조가 단순하기 때문에 가볍다.
③ 발광체가 크기가 아주 작은 유기 분자이며 발광 패널이 따로 필요하지 않기 때문에 디스플레이 패널의 슬림화가 가능하다.
④ 발광체 재료가 유기물이기 때문에 유연한 디스플레이 패널flexible display panel **형태의 제작이 가능하다.**

특히 업계에서는 OLED의 유연성flexibility에 주목하고 있다. 상업적으로 보면 여러 가지 상품으로 활용될 여지가 많기 때문이다. 원형 디스플레이를 만들 수도 있고, 자동차 본체에 잘 맞게 자유자재로 디스플레이 패널 부착을 하는 것도 가능하다. 가정용의 경우, 사용할 때는 화면을 늘리고 사용하지 않을 때는 감아올리는 롤커튼식 롤러블rollable TV가 가까운 시일 내에 상품화되지 않을까 싶다.

● **두루마리 TV OLED 디스플레이**

2019년 11월 샤프에서 발표한 두루마리 형태의 OLED 디스플레이는 유리 기판을 부드러운 필름으로 대체하여 두루마리 형태를 구현했다. 상품화 시기는 아직 미정.

사진 제공: '샤프' 주식회사

단점

OLED도 단점이 존재한다. OLED를 구성하는 유기물의 본질적인 성질인데, 바로 강도가 낮다는 점이다. 즉 유기물은 열화degradation가 되기 쉽다. 유기물은 일반적으로 열, 빛, 습기, 화학 물질 등의 영향에 취약하다. 심할 경우 곰팡이가 피기도 한다.

● **방수성을 높인 OLED 탑재 스마트폰**

iPhone 최신 기종에 OLED를 탑재한 iPhone11 Pro는 엔트리 모델에서 액정을 사용했던 iPhonel 11에 비해 내수성을 배로 향상시켰으며 최대 수심 4m에서 30분 동안 견딜 수 있다. 이 정도 장점이라면 OLED가 가진 단점이 그다지 아쉽다고 느껴지지 않을 것이다.

출처: '애플'

하지만 한편으로, 유기물로 만든 플라스틱은 환경 파괴의 주범이라고 지적받는데, 그만큼 튼튼해서 분해되기 아주 어렵기 때문이다. 그리고 플라스틱은 열, 빛, 수분, 미생물 등에도 영향을 잘 받지 않는다. 따라서 OLED를 구성하는 유기물의 취약함 또한 가까운 미래에 극복이 가능할 것이다. 이러한 유기물의 약점을 극복하는 가장 간단한 방법은 OLED 소자 전체를 튼튼한 플라스틱으로 코팅하는 방법이다.

OLED는 매우 우수한 디스플레이 기술이지만 단점도 존재한다. 바로 내구성이다. 일반적으로 유기물은 불에 타기 쉽고 습기에 약하며, 금속이나 석재만큼의 내구성이 없다고 생각한다.

하지만 진짜 그럴까? 금속은 녹이 잘 슬고 뒤틀려서 변형도 된다. 석재는 잘못하면 깨져버린다. 유기물은 어떠할까? 일본 전국시대의 무장 다테 마사무네의 부장품 중에는 옻칠한 목제 물건들이 있다. 옻칠에 필요한 옻은 천연 고분자, 플라스틱, 즉 유기물이다. 플라스틱 폐기물이 환경 오염 물질인 이유는 플라스틱의 튼튼함 때문이다. 유기물은 방법에 따라 칼로도 잘라낼 수 없고, 권총의 총알도 막을 정도로 아주 튼튼하게 만들 수 있다. 또한 자동차 엔진에 부착하는 부품으로도 사용할 수 있을 만큼 내구성과 내열성을 높일 수 있다. 따라서 OLED 소자 자체를 튼튼하게 만들지 않아도 이러한 플라스틱으로 소자를 코팅하게 되면 소자의 내구성이나 내열성은 개선될 것이다. LCD를 구성하는 액정 분자도 유기물이다. LCD TV가 액정 분자의 열화 때문에 동작하지 않게 되었다는 말은 들어본 적이 없다. 유기물이 약하다는 건 어쩌면 인간이 유기물에 대해 가지는 편견일 수도 있다.

OLED 디스플레이는 최신 디스플레이 시스템이며, 그 가능성에 대해 우리는 아직 완벽하게 파악하고 있지 못하다. 그만큼 OLED 성능의 개선과 OLED의 적용 대상이 앞으로 커질 가능성이 있다는 말이다. 그런 관점에서 OLED가 현재 스마트폰, TV, 모니터 이외에 어떻게 활용되고 있는지 살펴보자.

평면 발광

OLED의 장점은 유기 발광층을 전극 위에 올리면 올린 부분만큼 발광한다는 것이다. 따라서 넓은 면적을 한 번에 균일하게 발광하는 평면 발광을 아주 간단하게 만들 수 있다.
인류가 지금까지 개발한 발광 기구는 백열전구, LED와 같은 점광원과 형광등, 네온사인과 같은 선광원뿐이었다. LCD 디스플레이의 발광 패널처럼 평면 발광이 필요할 때는 점광원과 선광원을 밀집 배열해서 평면 발광에 가까운 상태로 만들었다.
평면 발광이 상품화되면 사무실 또는 가정의 조명 시장에 큰 변혁이 일어날 것이다. 또한 무대 예술이나 쇼윈도 장식 등도 평면 발광에 의해 한층 더 발전할 것이다.

미채색(camouflage color)

OLED의 또 하나의 장점은 어떠한 곡면 상태에서도 발광이 가능하다는 점이다. 구면을 TV 형태로 만든 시제품은 이미 전시회에서 발표가 되었다. 이러한 구형 OLED 디스플레이 제품은 자동차, 심지어는 군사용 탱크에도 활용할 수 있다고 하는데, 만약 탱크의 표면에 전부 OLED 디스플레이를 붙여서 정글 또는 사막으로 표현한다면 어떨까? 만약 이게 가능하다면 정글이나 사막에 놓인 탱크는 쉽게 발견되지 못할 것이다.
아니면 등 쪽이 모두 OLED 디스플레이로 만들어진 양복을 입은 사람이 가슴에 카메라를 달고 앞에 있는 풍경을 촬영해서 등 쪽에 있는 디스플레이 화면으로 띄운다면 그 사람의 모습은 마치 풍경 속에 녹아 있는 듯한 모습일 것이다. 다시 말해, 유사 투명 인간의 탄생과도 같을 것이다.

다른 공간으로 이동

사방의 벽은 물론 바닥, 천장 등 여섯 개의 면을 모두 OLED 디스플레이로 만든 방을 만들어보면 어떨까? 이 여섯 개의 면에 하와이의 풍경, 몰아치는 파도, 빛나는 하늘을 영상으로 띄우면 어떨지 상상해보자. 하와이 해변에 있는 듯한 분위기를 즐길 수 있지 않을까? 이 기술이 현실화되면 자신의 방을 오늘은 와이키키 해변, 내일은 아마존강, 모레는 중세의 거리 풍경 등 기분에 따라서 바꿀 수 있다.

이것은 OLED 디스플레이의 활용성과 가능성 중 일부에 불과하다. OLED는 스마트폰, TV에만 사용하기에는 너무나 아까운 기술이다.

제4장

액정 분자의 성질과 특성

OLED에 대한 설명을 마치고 이번 장에서는 현재 디스플레이 시장의 메인인 LCD 디스플레이를 구성하는 액정 분자에 대해 소개하고자 한다. 액정 분자는 무엇인지, 어떤 원리로 디스플레이로 구현되는지 살펴보자. 그리고 LCD 디스플레이를 만드는 데 중요한 역할을 하는 액정 분자의 두 가지 특징인 배향성과 광투과성에 대해서도 알아보자.

4-1

결정, 액체, 기체, 액정의 차이

LCD 디스플레이는 액정 분자를 이용한 디스플레이다. 그렇다면 액정 분자란 무엇일까? 이번 장에서는 액정 분자와 LCD 디스플레이의 기초에 대해 알아보자.

LCD 디스플레이는 말 그대로 액정 분자를 이용한 디스플레이다. 하지만 이 말만 들었을 때 곧바로 이해하는 사람은 별로 없을 것이다. LCD 디스플레이는 '액정 분자들이 화면에 표시되는 기술이 아닐까?' 생각할 수도 있다. 그렇다면 OLED 디스플레이의 유기 발광 분자처럼 액정 분자들도 빛이 나면서 발광하는 것일까? 액정 분자가 대체 무엇인지 알아보자.

물질의 상태

물은 저온에서0°C 이하 고체인 얼음 상태이고, 상온약 25°C에서는 액체이며, 고온이 되면, 즉 100°C 이상이 되면 기체인 수증기로 상태가 바뀐다. 이러한 결정, 액체, 기체를 '물질의 상태states of matter'라고 하는데, 실제로 물질의 상태에는 고체, 액체, 기체 이외의 상태가 더 존재한다.

● **물질의 삼태(three state of material)**

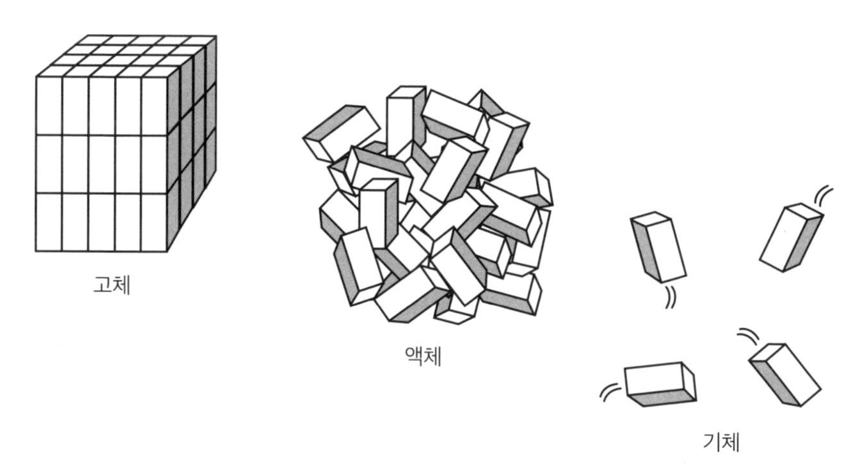

때문에, 이 세 가지 상태를 특히 '물질의 삼태三態' 혹은 '삼상三相, three states of matter'이라고도 한다.

분자와 물질의 세 가지 상태를 알아보기 쉽게 그림으로 표현해보았다. 고체의 모든 분자가 한데 모여서 규칙적으로 배열되어 있는 걸 볼 수 있다. 액체의 경우 규칙성은 깨져 있지만 분자 간의 거리는 고체 상태와 크게 다르지 않다. 액체 상태에서 분자는 서로 위치가 변해가면서 움직인다. 기체가 되면 분자 간의 간격이 더 멀어지게 되고, 분자는 각자 빠르게 움직인다.

액정 상태

다음 페이지의 표는 분자의 배열 상태를 알기 쉽게 표시한 것이다. 고체결정 상태의 경우 분자는 위치와 방향배향이 모두 규칙적으로 정렬되어 있다. 하지만 액체 상태가 되면 이러한 위치 정렬과 방향 정렬의 규

● **상태와 분자 배열**

상태		결정	유리성 결정	액정	액체
규칙성	위치	○	○	×	×
	배향	○	×	○	×
배열 모식도					

칙성은 모두 깨지게 된다. 그렇게 되면 고체와 액체 사이에 존재할 수 있는 물질의 물리적 상태는 위치와 방향의 정렬 규칙성 중에서 하나만 남아 있는 상태가 될 가능성이 높다.

그렇다. ① 위치 정렬의 규칙성은 존재하지만 방향 정렬의 규칙성은 없어진 상태와 ② 위치 정렬의 규칙성은 없어지고 방향 정렬의 규칙성만 남은 상태라는 특수한 물리적 상태가 실제로 존재한다. 그중 ①을 유리성 결정 상태glassy crystal state ②를 액정 상태liquid crystal state라고 한다. 이 장에서 이야기하는 액정liquid crystal은 바로 액정 상태의 분자를 말하는 것이다.

액정 분자

여기에서 중요한 점은 '액정'이라는 단어는 분자의 종류를 나타내는 의미가 아니라는 점이다. '결정'이나 '액체'라는 단어가 특정 분자를 나타내는 단어가 아닌 것처럼, '액정'이라는 단어 또한 특정 분자를 나

● **액정 분자의 분자 구조**

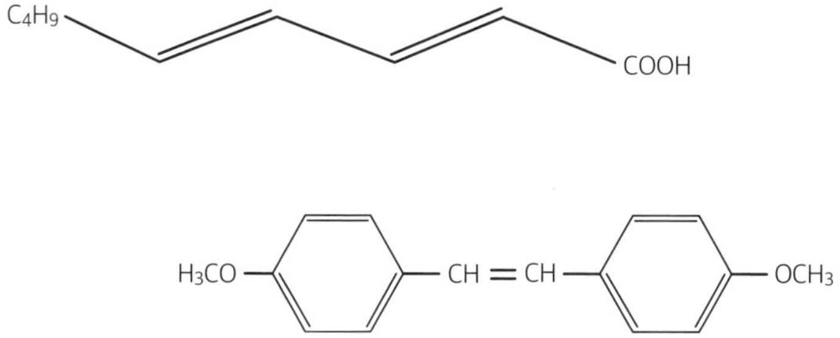

C_4H_9 … $COOH$

H_3CO — $CH=CH$ — OCH_3

타내는 단어가 아니다.

물이 온도에 따라 결정 상태가 되거나 액체로 변하듯 어떤 분자는 온도에 따라 결정 상태가 되었다가 액체 상태가 되거나 액정이 되기도 한다. 즉, 액정은 결정과 동일하게 어느 특정 온도 영역에 한해 나타나는, 분자의 방향 배열이 규칙적인 상태를 말한다.

하지만, 물이 액정 상태가 될 수 없는 것처럼 모든 분자들이 액정 상태를 가질 수 있는 건 아니다. 특정한 유기 분자들만이 액정 상태를 가질 수 있다. 그러한 액정 상태를 가질 수 있는 분자들을 '액정 분자liquid crystal molecule'라고 한다. 일반적으로 액정 분자는 긴 끈, 즉 선형 모양의 분자인 경우가 많다. 일반적으로 알려진 액정 분자의 구조는 위와 같다.

4-2 액정 분자의 성질

액정 분자가 발견된 배경에는 재미있는 에피소드가 있다. 여기서는 액정 발견의 배경이 된 화학 현상에 대해 살펴보자.

액정 분자는 19세기 말, 오스트리아 식물학자인 프리드리히 라이니처가 당근 성분에 있는 콜레스테롤을 연구하는 중에 발견했다. 그 계기는 콜레스테롤이 두 가지 녹는점melting point(145.5°C, 178.5°C)을 가진다는 점이었다. 두개의 녹는 점은 무엇을 의미하는 것일까?

액정 분자와 온도

오른쪽 그림은 일반적인 유기 분자와 액정 분자의 온도 변화를 나타낸 것이다. 일반적인 유기 분자는 저온에서는 고체 상태의 결정, 녹는점 이상에서는 투명한 액체, 그리고 끓는점boiling point 이상의 온도에서는 기체가 된다. 하지만 액정 분자는 고체 상태의 결정에 온도를 가해서 녹는점에 도달하게 되면 액체 특성이 나오지만 투명하지는 않다. 이러한 상태를 액정 상태라고 한다. 그리고 여기서 온도를 더 올려 투명점

● **일반적인 유기 분자와 액정 분자 상태의 온도 변화**

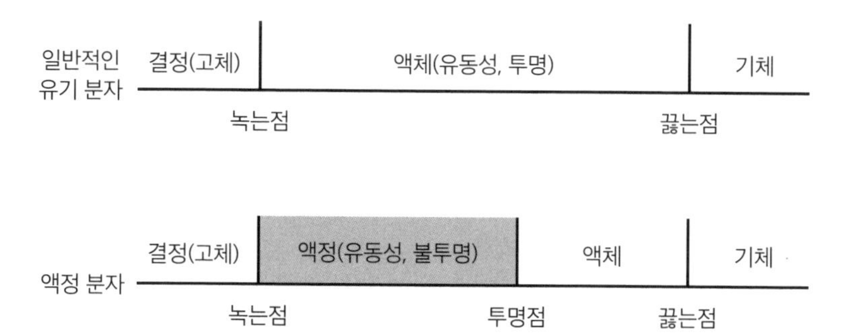

complete melting point, clear point이 되면 투명한 액체가 된다. 물론 여기서 온도를 더 올리면 기체 상태가 된다. 하지만, 그 전에 분자가 고열로 인하여 열 분해되어버리는 경우도 있다.

따라서 액정 상태는 녹는점과 투명점 사이의 특정 온도 범위에서만 나타나는 분자의 특정한 규칙적인 배열 상태를 말한다.

개울가의 송사리

액정 상태의 분자는 방향의 규칙성을 갖고 있지만, 위치의 방향성은 없다는 점을 앞에서 이야기했다. 이것은 구체적으로 어떠한 상태를 말하는 것일까?

액정 상태에서 분자의 움직임은 예를 들어서 작은 강에서 헤엄치는 송사리를 떠올리면 쉽게 이해할 수 있다. 작고 헤엄치는 힘이 약한 송사리는 항상 강의 상류를 향해서 헤엄치지 않으면 물살에 휩쓸려 강 하류로 떠내려가고 만다. 즉, 송사리들은 항상 강 흐름의 상류 방향을 향하고 있는 점에서 방향의 규칙성이 있다는 걸 알 수 있다.

● **개천 송사리의 규칙성**

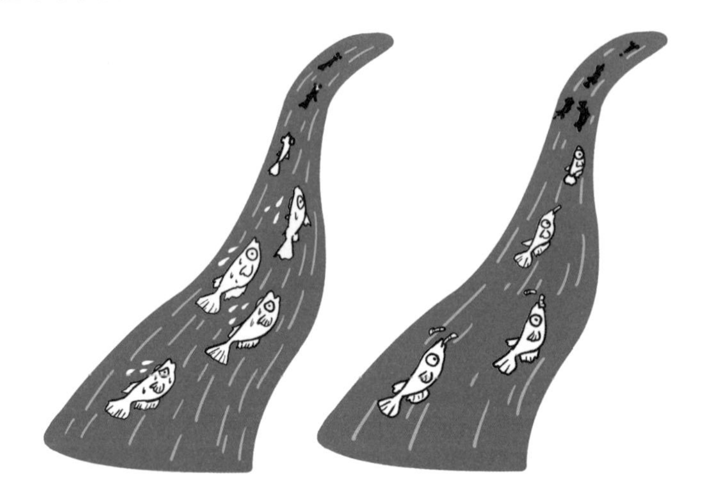

그러나 송사리도 먹고살아야 하는데 송사리의 먹잇감이 항상 강 상류에서 흘러오는 것은 아니기 때문에 송사리는 방향은 상류를 향하면서도 능숙하게 좌우로 이동하면서 먹이를 잡아야 한다. 그러한 의미에서 송사리는 위치의 규칙성은 없다고 볼 수 있다.

일반적으로 액정 분자는 여러 종류가 있다고 알려져 있으며, 그에 따라 액정 상태도 여러 가지가 존재한다. 여기서 소개하는 액정 분자는 보통 네마틱 액정nematic liquid crystal이라고 하며 가장 잘 알려진 액정이라고 말할 수 있다.

문헌에 따르면 1888년에 오스트리아의 식물학자인 프리드리히 라이니처(Friedrich Reinitzer)가 처음 액정 분자를 발견했다고 한다. 그는 콜레스테롤에 대해 연구한 인물이다.

액정 분자의 발견

라이니처는 어느 날, 콜레스테롤의 벤조산 에스테르 고체를 가열하고 있을 때 이상한 현상을 목격했다. 이 고체를 가열하면 145.5℃에서 녹아서 하얗고 끈적거리는 액체가 되며 더 가열하면 178.5℃에서 투명하게 변한다. 그는 이렇게 두 개의 녹는점이 존재한다는 걸 발견하고 이를 당시 학회 학술지에 발표했다.

하지만, 사실 이러한 현상을 처음 발견한 사람은 라이니처가 아니었다. 훨씬 이전에 이 현상을 관찰한 사람이 있었다. 라이니처 자신도 학회 학술지 발표 내용에 여러 명의 연구자가 두 개의 녹는점을 관찰했다는 내용을 적어놓았다.

따라서 이 물질이 두 개의 녹는점을 가진다는 것은 이미 다른 연구자들이 알고 있던 사실이다. 그렇다면 라이니처가 발표할 때까지 왜 아무도 정식으로 발표하지 않은 것일까? 그 이유는 다른 연구자들은 두 개의 녹는점이 존재하는 이유가 물질 속에 들어 있는 불순물(impurity) 탓이라고 생각했기 때문이다.

● **라이니처**

순수한 벤조산 에스테르를 사용하여 연구한 결과는 라이니처가 최초였다. 그렇기 때문에 라이니처는 이러한 두 개의 녹는점 현상이 불순물에 의한 것이 아니라 콜레스테롤 벤조산 에스테르가 가진 특이한 성질임을 확신했다.

실험을 직접 하는 연구원이라면 당연히 주의해야 하는 일이다. 자칫 연구에 화학 시약을 사용할 때, 시판되는 시약을 확인도 제대로 안 하고 그냥 실험에 사용하는 경우가 많다. 하지만 그 시약이 불순물 없는 순수한 상태라는 걸 보증하는 것은 시약을 판매하는 회사의 데이터뿐이다.

일본에서 일어난 일은 아니지만, 예전에 외국의 실험실에서 연구했던 시절, 세계적으로 유명한 모 시약 회사에 25g 액체 시약을 주문했다. 무심코 액체 시약이 든 초록색 병을 봤는데 병 안에 무언가가 있었다. 자세히 살펴보니 작은 벌레였다. 있을 수 없는 일이라고 생각해 교수님께 보여드리니 교수님은 가볍게 웃고는 "시약 회사에 이야기하겠네"라고 말했다. 그 대답이 전부였다.

실험 연구를 수행하는 마음가짐

실험은 반드시 재현성이 있어야 한다. 한 번 얻은 실험 결과로 판단할 수 없는 이유는 최근 'STAP 세포' 사례(2014년 일본에서 오보카타 하루코가 만능 세포 STAP를 개발했다고 논문에 발표했지만 나중에 사실이 아닌 것으로 밝혀짐)를 보면 잘 알 수 있다. 그리고 재현성은 실험에서 사용되는 시료, 시약 등이 불순물이 없는 순수한 상태(pure state)여야 보장된다.

불순물이 시약에 들어 있을지 모른다는 생각을 가지고 항상 측정 데이터를 의심해봐야 한다. 이러한 자세는 성실하게 연구에 임하는 자세가 없으면 성립될 수 없다고 생각한다. 실험 데이터를 보면 실험을 수행한 연구원의 인간성과 인생관이 드러난다. 최근에 많은 조작된 실험 데이터 뉴스를 보면 '일본의 과학 연구에 미래는 없다'고 느껴질 때가 있다.

4-3 액정 분자의 배향

액정 분자는 배향(alignment)이라는 매우 특이한 성질을 가지고 있다. 여기에서는 그 배향을 조절하는 방법에 대해 알아보자.

액정 상태는 분자가 위치를 바꾸어가면서 움직이지만, 그 분자의 방향성은 항상 일정하다는 특이한 성질을 가진다. 그렇다면 도대체 액정 분자는 어느 방향을 향하고 있는 걸까? 그 방향을 인간은 자유롭게 바꿀 수 있을까?

배향의 물리적 제어

액정 분자의 방향은 어느 정도는 자유롭게 제어할 수 있다. 간단한 제어 방법은 액정 분자를 벽면이 긁힌 유리 용기에 넣는 것이다. 그러면 모든 액정 분자의 방향은 긁힌 유리 벽면 쪽으로 바뀐다.

서로 마주 보는 유리벽 양면의 긁힌 방향을 90도로 비틀면 액정 분자들도 마치 비틀어진 나선 계단 모양으로 배향되는 것을 볼 수 있다. 이것은 다음 장에서 설명되는, 트위스티드 네마틱 Twisted Nematic, TN 셀

● 배향의 전자적 제어

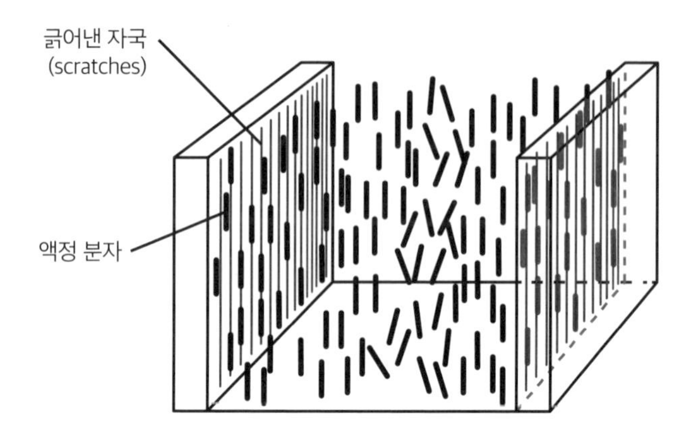

● 콜레스테릭 액정

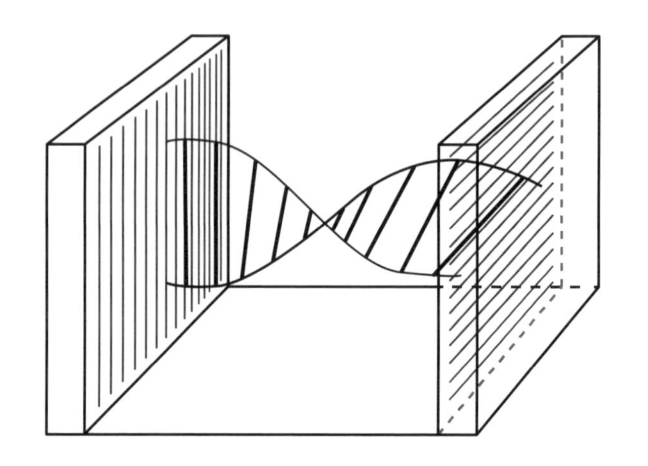

형태로 LCD 디스플레이에서 사용된다.

이러한 배향은 특이한 형태이고, 인위적으로 조작하지 않는 이상 나타나지 않는다고 생각할 수도 있지만, 처음 발견된 콜레스테롤의 액정 상태가 바로 이러한 나선 형태였다. 이러한 배향을 가진 액정 분자들은 콜레스테릭 액정cholesteric liquid crystal이라고 불리고 있다.

배향의 전기적 제어

액정 상태의 성질에서 특히 중요한 점은 액정 분자의 배향을 전기적으로 제어할 수 있다는 점이다. 이는 다음 장에 나오는 LCD 디스플레이 제작을 하는 데 결정적으로 중요한 역할을 한다. 앞에서 이야기한 액정 분자를 넣은 유리 용기에서 긁힌 유리를 약간 긁힌 자국이 있는 투명 전극으로 바꿔보자. 전기가 통하지 않는 상태에서는 액정 분자가 투명 전극의 긁힌 쪽에 맞게 배향된다. 그러나 투명 전극에 전기를 통하면 액정 분자는 전류가 흐르는 방향으로 배향이 바뀐다.

이러한 변화는 가역적reversible이며, 스위치를 끄면 원래처럼 유리가 긁힌 방향으로 배향을 바꾸고, 스위치를 켜면 배향이 다시 바뀐다. 이런 변화를 수만 번 이상 계속해서 반복한다. 이와 같이 액정 분자의 배향은 전기를 이용해서 자유롭게 제어할 수 있다.

● 배향의 전기적 제어

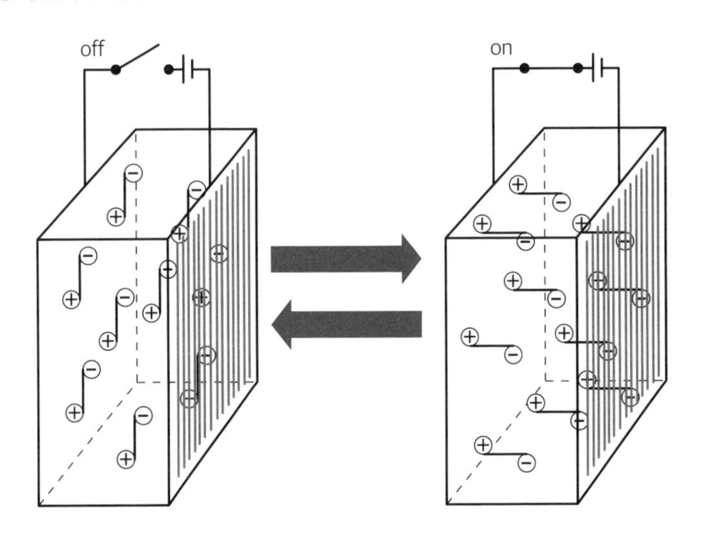

4-4 액정과 광투과성

액정에는 배향 특성뿐만 아니라 또 한 가지의 특성이 있다. 바로 광투과성(optical transmittance)이다. LCD 디스플레이를 만들 때 중요한 역할을 하는 광투과성에 대해 알아보자.

편광

결정 상태의 액정 분자를 가열하면 녹는점에서 녹아서 액체가 되지만 일반적인 액체와 같이 투명하지는 않다. 여기에서 '투명하지 않다'는 말은 먹물이나 마시는 요구르트와 같이 빛이 전혀 투과되지 않는다는 의미는 아니고 옅은 우유와 같이 흐려진다는, 또는 탁해진다는 의미이다. 그 이유는 액체 상태에서 액정 분자는 입사한 빛의 일부만 투과하기 때문이다.

앞서 OLED를 소개하는 내용에서 살펴보았듯이, 빛은 전자기파electromagnetic wave이며 횡파transverse wave이다. 여기서 횡파는 빛의 진행 방향과 수직인 방향 성분이 변화하는 것을 말한다. 이때 횡파는 마치 종이면에 그린 파도 모양과 같은 진동면을 가진다. 횡파 주위의 일반적인 빛들은 각각의 광자photon마다 임의의 방향을 가진 진동면을

● **편광**

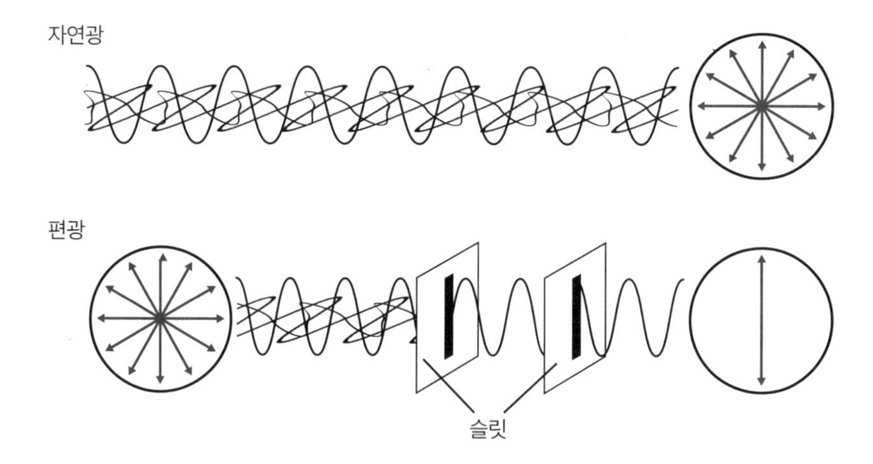

가지고 있다. 이러한 진동면들을 원으로 그려서 위와 같이 표현해보았다. 일반적인 빛은 그림에서 보듯이 원 안에서 사방팔방 다양한 방향의 지름diameter으로 표현할 수 있다.

이렇게 표현되는 일반적인 빛을 얇은 슬릿slit 사이로 통과시켜보자. 혹시라도 빛이 새어나갈지 모르니까 슬릿은 이중, 삼중으로 만드는 편이 좋다. 그렇게 하면 다양한 진동면을 가진 빛 중에서 진동면 방향이 슬릿 방향과 같은 빛만 투과되고, 다른 빛들은 차단이 된다. 이처럼 진동면이 같은 방향으로만 모여진 빛을 편광polarized light이라고 부른다.

편광과 액정

당연한 이야기지만, 편광을 슬릿 사이로 다시 통과시키면 진동면이 슬릿 방향과 일치하는 편광은 당연히 슬릿을 통과하고, 그 이외의 빛은

● **편광과 액정**

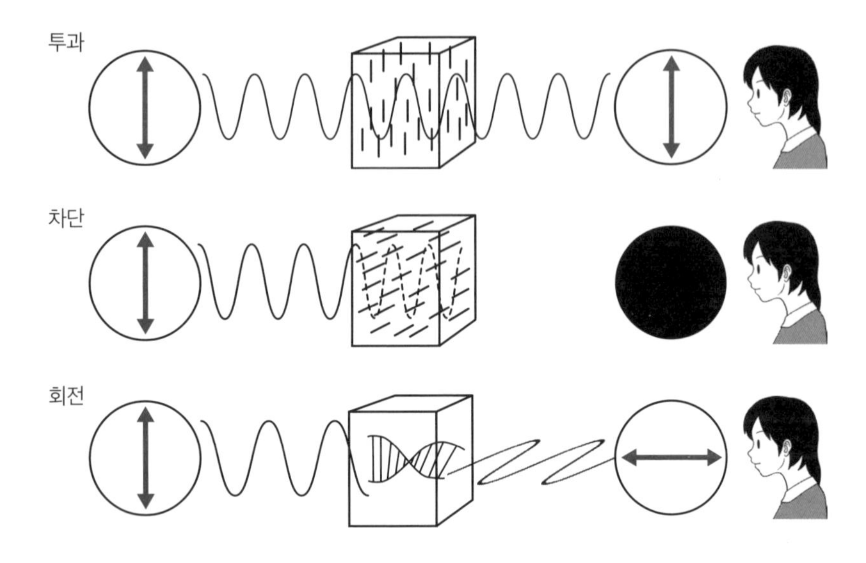

슬릿에 의해 차단될 것이다. 액정 분자는 편광에 대해 슬릿과 같은 역할을 한다. 즉, 빛의 진동면의 방향이 액정 분자의 배향과 일치하는 편광은 액정을 투과할 수 있다. 이 경우 액정을 투과하는 편광의 진동면은 입사한 편광의 진동면과 일치한다. 위 그림을 보면, 그림의 사람에게는 빛을 투과하는 액정 분자 쪽은 밝고 빛나는 것처럼 보이고, 빛을 투과시키지 않은 액정 쪽은 까맣게 보이게 된다.

또한 위의 세 번째 그림과 같이 배향이 비틀어진 액정 분자를 투과한 편광은 액정을 투과할 수는 있지만, 투과된 편광의 진동면은 액정 분자의 배향과 같은 방향으로 비틀어지게 된다. 즉 편광이 액정 분자에 의해서 회전하는 효과를 보여준다.

● **전기를 활용한 투과성 제어**

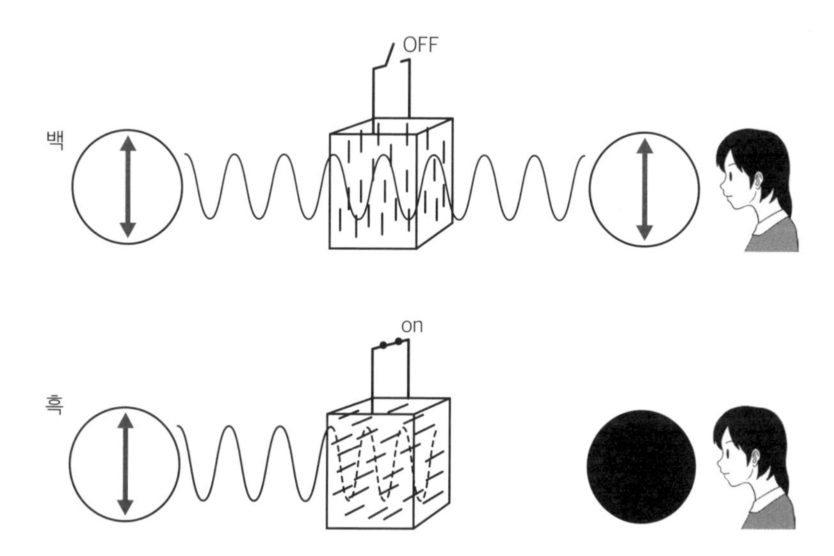

전기를 이용한 투과성 제어

앞에서 이야기한, 전기를 이용해서 액정 배향을 조절하는 원리를 여기에 사용하면 전기를 통해 액정 분자의 배향을 변경해서 투과된 편광을 하얗게 혹은 밝게 보이게 하거나 빛의 투과가 없이 까맣게 보이게 만들 수 있다. 즉, 위 그림과 같이 투명 전극으로 만들어진 셀에 액정 분자를 넣고 편광을 입사시키면, 전기 제어를 이용해 액정 분자의 배향을 변화시키면서 나오는 빛을 조절하는 원리이다.

그렇게 되면, 전기가 통하지 않는 상태에서는 편광면과 액정 분자의 배향이 같기 때문에 화면은 하얗게 보인다. 하지만 전기를 통하면 액정 분자의 배향이 회전하기 때문에 편광은 통과할 수 없게 되어서 화면은 까맣게 보인다. LCD 디스플레이는 이 원리를 이용한 것이다.

원자들이 서로 결합하여 분자를 만들고, 분자들은 또한 다른 분자들과 결합하여 분자 구조체를 만드는데, 이러한 구조체로 고분자와 초분자가 있다.

고분자와 초분자

고분자(polymer)는 플라스틱으로 대표되는 화합물로, 작은 분자 단위체(monomer)가 수백 개 또는 수만 개 결합되어 있다. 고분자의 특징은 각 분자 단위체가 서로 공유 결합을 통해 연결되어 있다는 점이다. 이에 비해 초분자(supra-molecule)의 경우, 각 분자 단위체(monomer)들은 공유 결합이 아니라 수소 결합, 정전기적 상호 인력, 반데르발스 힘과 같은 분자 간의 약한 상호 작용으로 서로 연결되어 있다. 초분자에는 매우 많은 분자 단위체가 서로 연결되어 있는 것과 몇 개, 많아야 열 개 정도의 분자로 이루어진 두 가지 종류가 존재한다.

액정과 분자막

액정은 앞에서 설명한 초분자에 해당한다. 액정 초분자는 보통 친수성(hydrophilicity) 성분과 소수성(hydrophobicity) 성분을 동시에 가진 양친매성 분자(amphipathic molecule)들의 집합체이다.
양친매성 분자를 물에 녹이면 친수성 성분(hydrophilic group)은 물에 녹고 소수성 성분

● 분자막의 친수기와 소수기

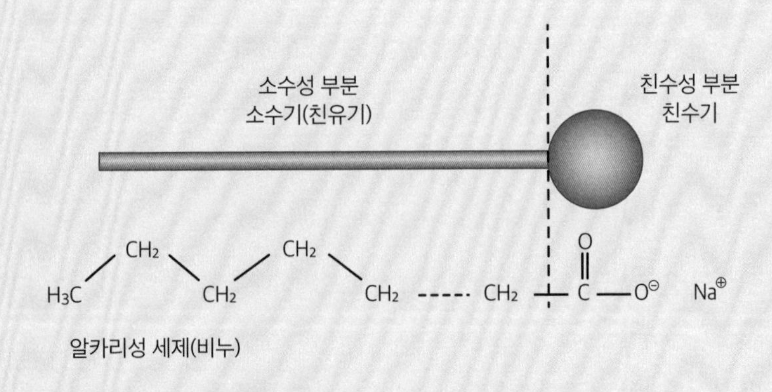

(hydrophobic group)은 물에 녹지 않기 때문에 마치 기름과 같이 수면 위로 뜨게 된다. 따라서 많은 소수성 성분의 분자들이 줄지어서 수면 위에 떠 있게 되고 마치 수면 위에 뚜껑을 덮은 것처럼 분자 집단이 만들어진다. 이를 분자막(monolayer)이라고 부른다.

우리 생활 속에서 가깝게 접할 수 있는 분자막은 바로 '비누 방울'이다. 비누 거품의 막은 친수성 부분이 서로 접할 수 있도록 두 개의 분자막이 겹쳐져 있다. 그리고 이 접합면에 물 분자가 들어간다. 이처럼 두 개의 분자막이 겹쳐진 형태를 두고 일반적으로 이분자막(bilayer)이라고 한다.

세포막은 분자막으로 만들어진 잘 알려진 분자 집합체로, 인지질(phospholipid)로 만들어진 이분자막이다. 세포막은 소수성 부분이 서로 맞닿고 난 뒤 이분자막을 형성하게 된다. 세포막을 구성하는 인지질 분자는 분자 간 결합을 하고 있지 않아서 인지질 분자는 막 내부를 자유롭게 이동하고 막에서 분리되었다가 다시 막으로 돌아갈 수도 있다. 세포막은 이렇듯 물질 이동이 자유로운 특성을 갖기 때문에 물과 같이 작은 분자들은 세포막을 통과해서 세포 내부로 출입이 가능하다. 또한, 세포막에는 콜레스테롤이나 단백질과 같은 큰 분자가 들어갈 수도 있다.

세포막이 이렇게 활발하게 움직이는 것은 생명체가 살아 있는 이유로 연결지어 생각할 수도 있다. 그런데 한 가지 재미있는 점은 바이러스는 세포막이 없기 때문에 생명체로는 간주되지 않는다는 것이다.

● 비누 방울 구조

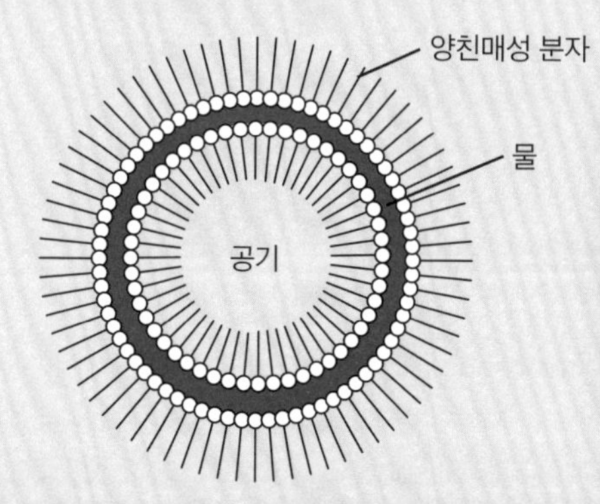

● **분자막**

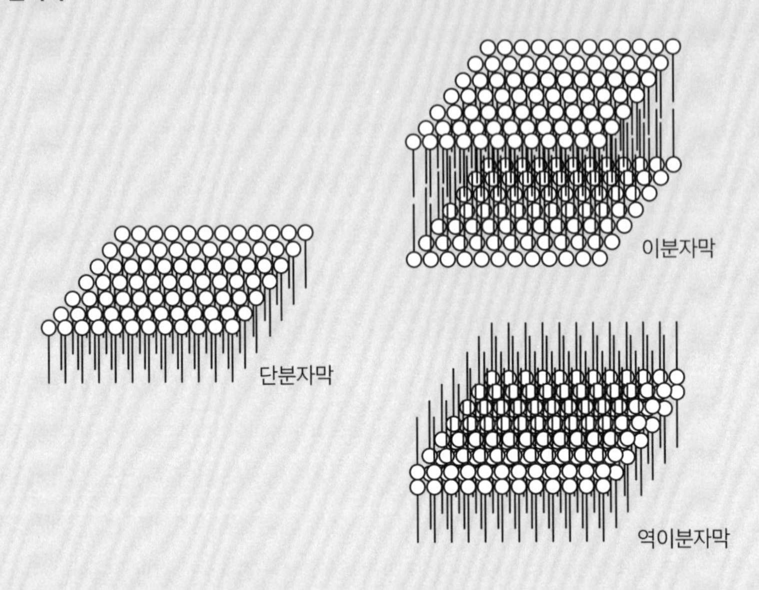

이분자막
단분자막
역이분자막

● **세포막**

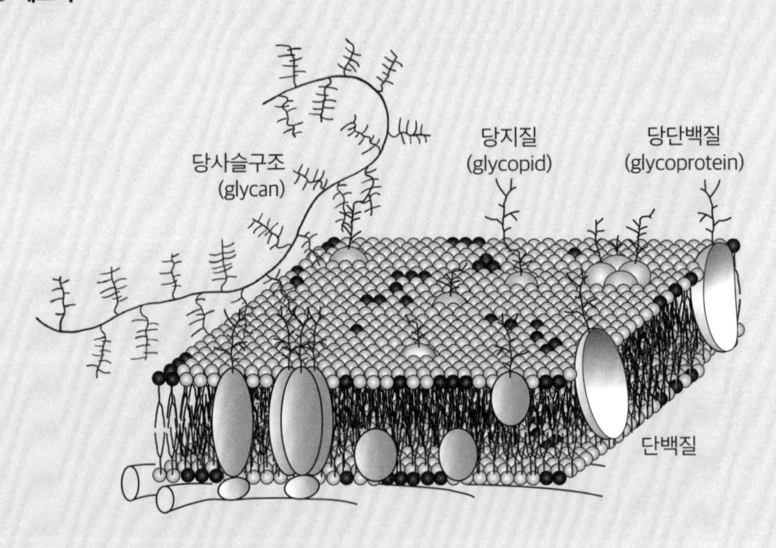

당사슬구조
(glycan)
당지질
(glycopid)
당단백질
(glycoprotein)
단백질

제5장

LCD 디스플레이의 원리

앞에서는 액정의 기초를 공부했다. 이번 장에서는 LCD 디스플레이의 원리를 설명하고자 한다. LCD 디스플레이의 구조와 LCD가 디스플레이 시장의 주류가 된 현재에 이르기까지의 발전 과정, 액정의 장점과 단점, 나아가서 액정의 미래에 대해서도 이야기해보자.

5-1 분자 그림자를 통한 이해

LCD 디스플레이의 구조는 조금 복잡하다. 그래서 여기서는 가상의 디스플레이를 생각하면서, 그 구조를 가지고 이야기해보자.

앞에서는 액정 분자 배향의 전기적인 제어, 액정 배향과 편광의 상호 작용에 대해 살펴보았다. LCD 디스플레이는 이 두 개의 원리를 조합한 것이다. 디스플레이 구성 원리는 간단하다고 하더라도, LCD 디스플레이는 트위스티드 네마틱TN 셀과 편광을 조합한 것으로 조금 복잡하다. 따라서 LCD 디스플레이의 구조의 배경지식을 쌓기 위해 다음과 같은 가상의 LCD 디스플레이를 생각해보자.

액정 분자는 발광하지 않는다

앞에서 설명한 것처럼 액정 분자는 OLED 분자와는 달리 스스로 발광하지 않는다. 즉, 스스로 화면을 표시하는 능력이 없다는 말인데, 어떻게 디스플레이에 사용하기 시작한 걸까?

어릴 적, 부모님이나 친구들과 함께 그림자놀이를 해본 경험이 있을 것이다. 환한 벽면에 손을 겹쳐 비둘기 형상을 만들거나 여우를 만들면 벽면에 손 실루엣 그대로 검은 그림자가 비친다. 이것이 그림자놀이다.

그림자놀이의 원리

LCD 디스플레이는 바로 이 그림자놀이의 원리를 화면 표시에 적용한 기술이다. 손이 스스로 빛이 나지 않아도 비둘기나 여우의 형상을 벽면디스플레이에 표시할 수 있는 원리와 똑같다. 액정 분자도 자신이 발광할 수는 없지만 디스플레이 패널에서 화면을 표시할 수 있다.

하지만 그림자를 벽면에 나타나게 하기 위해서는 전등광원이 필요하듯이 LCD 디스플레이에도 광원이 필요하다. 바로 발광 패널백라이트 유닛, backlight unit, BLU이라는 부품으로, LCD 디스플레이는 발광 패널에

● 그림자

서 만드는 하얀 화면 앞에 액정을 놓고 그림자를 만들어서 화면을 표시한다. 즉, LCD 디스플레이에서 액정 분자만으로는 화면을 표시할 수 없다. 액정 분자가 들어간 액정 패널과 발광 패널, 이 두 개의 패널이 없으면 디스플레이가 구성될 수 없는 것이다. 이렇게 되면 디스플레이 패널 구조가 복잡해지게 되고, 이것이 LCD 디스플레이의 단점 중 하나라고 할 수 있다.

5-2 스트립형 액정 분자 모델

다음으로는 LCD 디스플레이와 관련하여 스트립형 액정 분자에 대해 알아보자. 백색과 흑색 표시가 어떻게 상호 전환되는지에 대해서도 알아보자.

액정 분자를 설명하는데 그림자놀이를 예시로 든 발상이 다소 엉뚱하다고 생각할 수 있다. 하지만 액정 디스플레이를 쉽게 이해하기 위한 좋은 예라고 생각한다.

스트립형 분자

액정 분자를 스트립형 모양의 분자라고 생각하고, 셀 안에 스트립형의 분자가 있고 빛이 셀을 통과한다고 생각해보자. 여기에서 스트립은 액정 분자처럼 방향 규칙성을 갖고 있는 것으로 가정하자. 이때 전기가 흐르거나 전압이 걸리게 되면 스트립들의 방향을 전환할 수 있다. 이때 셀에 흠집scratch, 즉 빛의 방향을 바꾸어줄 수 있는 편광판이 있으면 그 편광판 방향에 맞추어서 스트립형 분자들은 정렬하게 된다.

그림은 그러한 스트립형 분자를 넣은 셀을 상시 빛이 나는 발광 패

● **직사각형 분자셀**

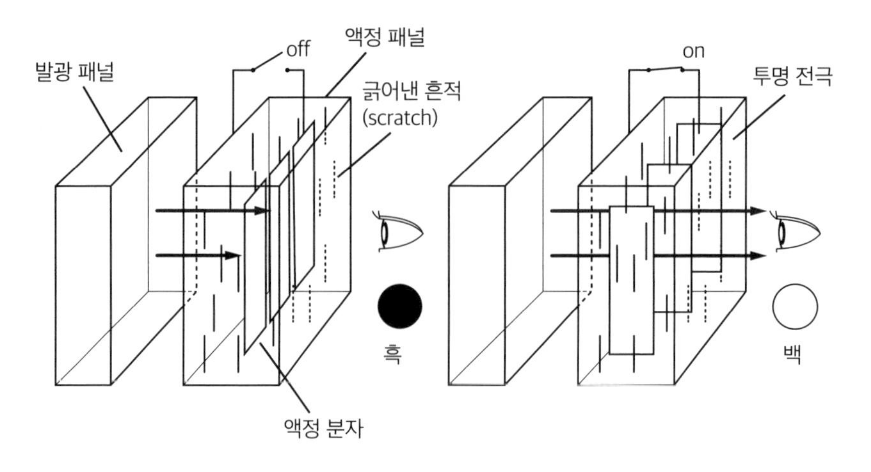

널 앞에 설치한 모습이다. 우리는 발광 패널에서 나온 빛이 직사각형 셀을 통과한 빛을 보고 있는 것이다.

흑백 전환

위에서 왼쪽 그림은 전기가 통하지 않는 상태의 모습이다. 스트립형 액정 분자는 발광 패널 앞에 평행한 방향으로 마치 뚜껑을 덮은 것처럼 정렬되어 있다. 발광 패널에서 나온 빛은 스트립형 액정 분자에 의해 완전히 가로막혀 사람의 눈까지는 전달되지 않는다. 즉, 우리는 새까만 화면만 볼 수 있다.

그에 비해 오른쪽 그림은 전기가 흐르는 상태다. 스트립형 액정 분자는 평행한 배열에서 방향을 바꿔 발광 패널에 수직 방향으로 정렬되어 있다. 이 경우에는 빛이 투과되는 데 문제가 없다. 즉 발광 패널에서 나온 빛은 스트립형 액정 분자 사이를 통과하여 거의 100% 우리 눈까지 전달된다. 즉, 화면이 하얗게 바뀐다.

스위치를 켜면 화면은 하얗게 되고, 스위치를 끄면 화면은 까맣게 된다. 즉 원하는 대로 흑백 전환 화면 표시가 가능해진다. 게다가 이러한 화면 표시 전환은 가역적reversible이며 몇 번이나 반복할 수 있다. 이런 식의 화면 표시 전환 조정이 가능해진다면, 적어도 원하는 흑백 이미지를 디스플레이 화면에 표시할 수 있게 된다.

이것이 바로 LCD 디스플레이의 기본적인 화면 표시 원리를 알기 쉽게 나타낸 것이다.

원래 액정이란 분자의 이름이나 종류가 아니라 고체 결정 또는 액체와 같이 물질 상태의 하나다. 액정 분자가 액정 상태로 존재하는 경우는 녹는점과 투명점 사이의 온도 구간이다. 그렇기 때문에 액정 분자의 액정 상태를 이용하는 LCD 디스플레이를 구동하기 위한 특정 온도 범위가 있다는 점은 당연한 이야기일지도 모른다. 보통의 LCD 모니터가 보증되는 작동 온도 범위는 약 0~40℃ 사이이다. 이 온도 범위보다 낮은 온도에서는 분자의 움직임이 느려져서 디스플레이 응답 특성(예를 들어서 흑백 변환)이 나빠지고 온도가 높아지면 깜빡거림 또는 화면의 색 번짐 현상이 나타난다.

LCD 디스플레이의 보증 온도 범위는 제품에 따라 제각각이지만 예외적으로 그 범위가 넓은 제품은 −40~95℃, 좁은 제품은 −10~60℃인 것도 있다. 보증 온도 범위 밖에서 일시적으로 디스플레이 기능이 멈추고 새까만 화면만 보이더라도 따듯하게 열을 가하면 원래 상태로 돌아오게 된다.

5-3 TN 셀을 사용한 화면 표시

지금까지 LCD 디스플레이의 기본 지식을 쌓는 데 집중했다면 이제부터는 실제 LCD 디스플레이 구조에 대해서 본격적으로 살펴보도록 하자.

TN 셀

실제 LCD 디스플레이의 경우, 스트립형 분자 대신 네마틱 액정 분자를 사용하며 발광 패널은 일반적인 빛이 아닌 편광을 발광한다.

네마틱 액정이 들어 있는 셀은 빛이 들어가고 나오는 쪽이 서로 90도 회전되어 배열되어 있다. 즉 나선형 모양이다. 이러한 셀을 '트위스티드 네마틱twisted nematic 셀'이라고 부르며 간단히 TN 셀이라고 부르기도 한다.

앞서 소개한 것처럼 이러한 TN 셀에 편광이 들어가면 셀 밖으로 나오는 편광은 처음 대비 90도 뒤틀리게 된다.

흑백 표시 선택

해당 셀에 뒤 페이지 그림과 같은 방향으로 슬릿이 위치해 있다고 생각해보자. 그림처럼 빛이 들어가는 입사 방향 편광의 진동면이 수직이면 빛이 나오는 출사 방향은 90도 회전해서 수평이 된다. 즉, 슬릿 방향과 같게 되고, 편광은 셀에 위치한 슬릿을 통과해서 우리 눈까지 전달된다. 이때 화면은 하얗게 보인다.

그러나 TN 셀의 전원을 켜면 네마틱 액정 분자는 전기의 흐름에 의해 배향이 바뀌어서 셀 안으로 들어간 편광은 진동면을 바꾸지 않고 같은 방향으로 TN 셀을 통과해서 슬릿까지 도달한다. 하지만 이래서는 그림에서 보듯이 편광은 슬릿을 통과할 수 없다. 따라서 화면은 검은색으로 보이게 된다.

이 방법에 의하면, 스트립형과 같은 빛을 차단할 수 있는 가상의 액정 분자를 사용하지 않고 슬릿을 사용하여 빛을 통과시키거나 차단할

● **액정 디스플레이 화면 표시 구조**

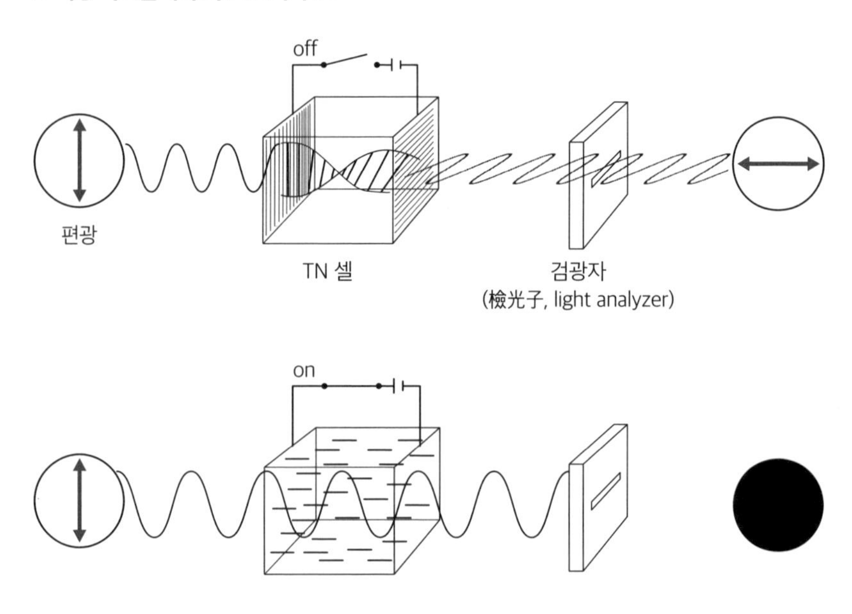

수 있다. 액정과 편광의 성질을 아주 잘 이해하는 사람이 떠올린 좋은 아이디어라고 할 수 있지 않을까?

5-4 LCD 디스플레이의 개선

LCD 디스플레이는 시간이 흐르면서 점점 기술이 발전하여 현재에 이르렀다. 여기서는 지금까지의 발전 과정과 앞으로의 개선 방향에 대해서 알아보자.

LCD 디스플레이의 기본적인 내용들은 앞에서 설명했다. 그러나 디스플레이에는 LCD만 있는 것이 아니다. 빠른 상승 추세를 보이고 있는 OLED도 있다. 이러한 상황에서 LCD TV가 살아남기 위해서는 지금보다 더 좋은 성능을 가진 디스플레이로 발전해나가야 한다.

액정 셀의 개선

액정 셀의 기본 형태는 TN 셀이며, 이것은 전원이 꺼져 있을 때는 액정 분자가 90도 트위스트된 형태로 배치되어 있다. STN 셀은 TN 셀의 개선된 형태이다.

STN 셀은 슈퍼 TNsuper TN 셀의 줄임말이며 액정 분자가 90도가 아니라 180~270도 정도의 큰 각도로 트위스트되어 있다.

그렇기 때문에 전원을 켜면 액정 분자의 배향이 크게 변하게 되며

● **TN 셀과 STN 셀**

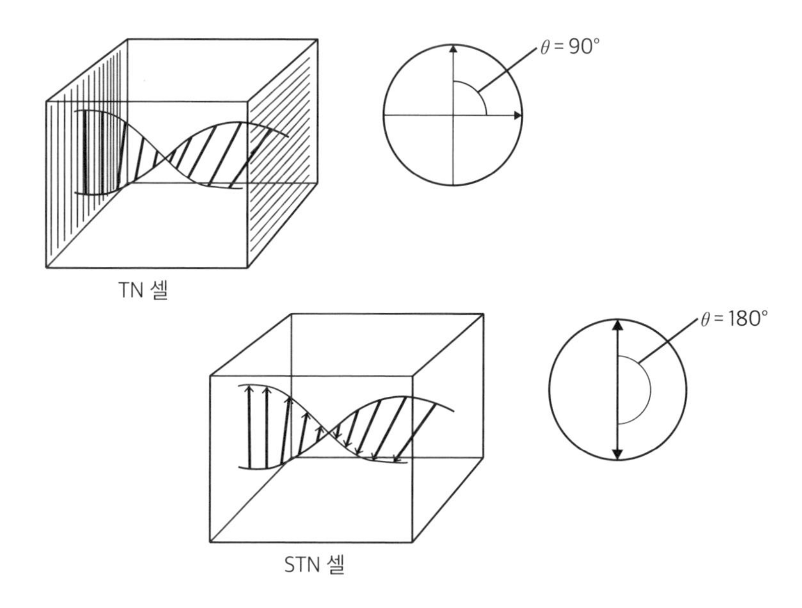

이와 함께 빛의 투과율이 급격하게 변한다. 그 결과, 기존 TN 셀에 비해 STN 셀은 화면의 콘트라스트contrast, 명암가 좋아지고 스위치 전환에 따른 응답특성도 개선되었다.

하지만 STN 셀에는 심각한 결함이 있다. 액정 패널이 두꺼워지면서, 특정 파장의 빛이 반사 또는 산란된다는 점이다. 따라서 화면이 흑백이 아닌 노란색, 녹색, 혹은 짙은 청색으로 번져 보일 수 있다.

이러한 STN 셀을 개선한 셀이 TSTNTriple STN 셀 또는 FSTNFilm STN 셀이다. FSTN 셀은 STN 셀에 고분자로 만든 광학 보상 필름 한 장을 붙인 것이다. 이는 빛의 뒤틀림을 활용한다는 원리인데 광학 보상 필름 두 장을 STN 셀 양쪽에 샌드위치 형태로 붙이면 TSTN 셀이 되며 양쪽 모두 화면 색은 흑백으로 표시된다.

● **FSTN 셀과 TSTN 셀**

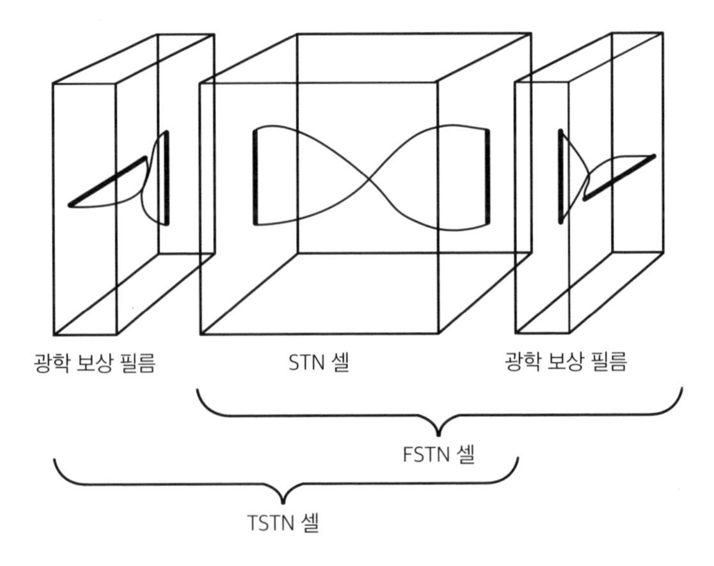

백라이트유닛의 개선

앞에서 이야기했듯이, 액정 분자는 스스로 발광하지 않는다. LCD 디스플레이는 액정 분자가 발광 패널의 빛을 조절함에 따라서 화면을 표시하는 원리이기 때문에 LCD 디스플레이에서 백라이트유닛은 당연히 필요한 구성부품이다.

백라이트유닛에 꼭 필요한 특성으로는 ① 고휘도 ② 저전력 ③ 장수명이 있다. 백라이트유닛에는 몇 가지 종류가 있는데, 첫 번째는 백라이트유닛 자체가 스스로 발광하는 것이며 두 번째는 자연광을 반사해서 사용하는 것이다. 두 가지 기본적인 구성은 다음 그림과 같다.

대형 TV의 경우 자발광이 가능한 백라이트유닛을 사용하며 수십 개의 40인치 TV의 경우 30개 진공관식 발광 램프형광등와 LED 램프등을 조합

● **백라이트의 기본 구성**

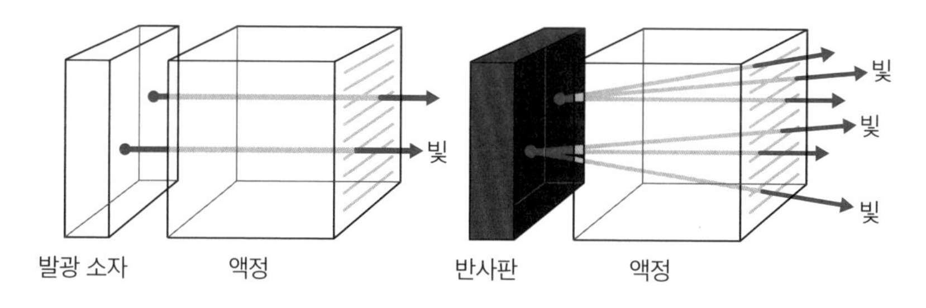

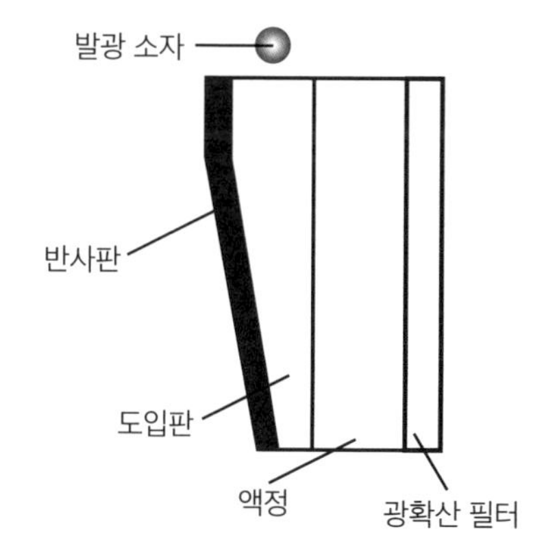

해서 면발광에 가까운 형태로 만든다. 또한 균일하고 얼룩이 없는 화면을 구현하기 위해 광원과 광확산 시트light diffusion sheet를 조합해서 사용한다.

이 경우, 디스플레이 소비 전력 중 상당 부분이 백라이트유닛에서 사용되며 대형 TV의 경우 90%에 달한다.

스마트폰의 경우에는 소비 전력을 최소한으로 해야 하기 때문에 반사광을 사용한다. 반사광이란 글자 그대로 화면에서 나온 빛을 거울과 같은 반사판으로 반사시켜 광원으로 사용하는 방법을 말한다. 물론 이 경우에는 밤이나 빛이 없는 환경에서는 사용할 수 없다.

따라서 보조 광원으로서의 백라이트유닛이 반드시 필요하다. 반사형이라고 해도 대부분 백라이트유닛과 조합한 형태로 사용하게 된다.

한편 OLED는 디스플레이로 활용되는 것뿐만 아니라 조명 장치로도 사용할 수 있다. 이 경우, 이상적인 면발광으로 사용할 수 있다. 앞으로의 발광 패널은 OLED와 같은 면발광 형태의 광원으로 점차 전환될 것으로 보인다.

시야각의 개선

LCD TV는 정면에서 시청할 때는 문제가 없지만, 옆에서 보면 콘트라스트가 안 좋아져서 화면의 색상이 정면에서 보는 것과는 다르게, 즉 옅게 보이는 경우가 있다. 이는 액정 분자의 배향 때문에 생기는 현상이다. 즉, TN 셀의 경우, 스위치 off 상태백색 화면에서 액정 분자 배향은 화면의 수평 방향으로 위치하기 때문에 옆에서 봐도 눈에 들어오는 빛의 양은 크게 다르지 않다. 하지만 스위치 on 상태검은색 화면가 되면 액정 분자 배향은 화면 수직 방향으로 바뀐다. 이 경우, 옆에서 보면 빛이 번져서 까맣게 보여야 하는 부분이 짙은 회색으로 보이고 콘트라스트 저하의 원인이 된다. 이러한 문제를 해결하기 위한 방법 중 하나가 IPSIn-Plain Switching, 수평 배열 방식으로, 전극의 방향을 기존 대비 180도로 변경한 방식이다. 즉, 기존 방식은 셀 앞뒤에 전극을 배치하며 전기장electric field이 화면의 수직 방향으로 형성되는데, IPS 방식의 경우 셀의 좌우로 전극을 배치하며, 이 경우 전기장은 화면의 수평 방향으로 형성이 된다.

따라서 IPS 방식에서는, 액정 분자는 화면에 수평 방향인 채로 프

● **액정 디스플레이의 시야 각도**

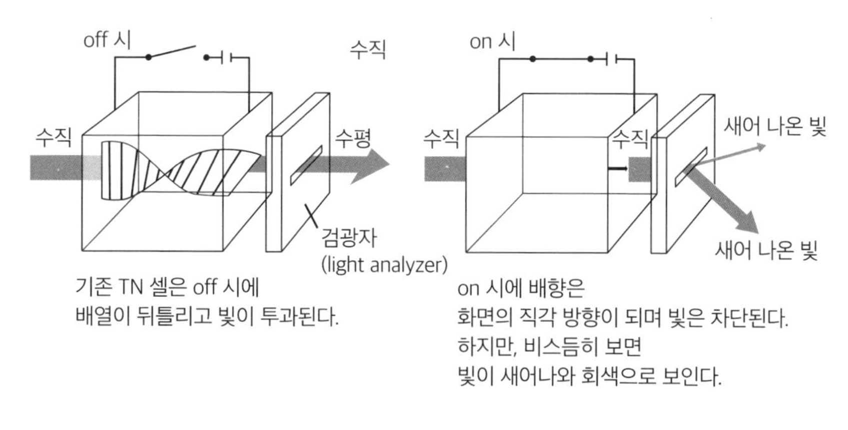

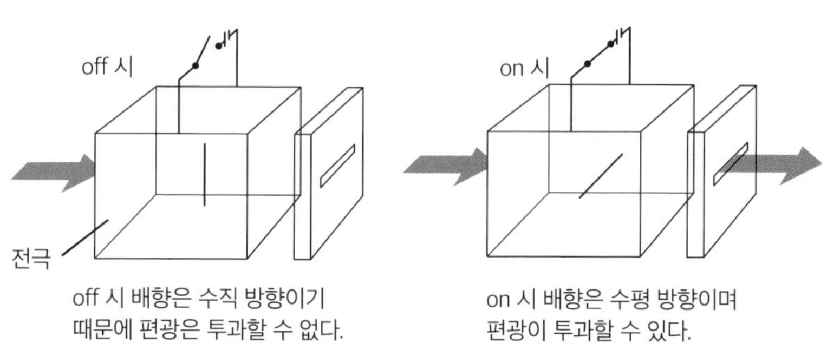

로펠러처럼 회전하게 된다. 그래서 좌우 정면, 어떤 방향에서 보더라도 같은 콘트라스트로 화면을 시청할 수 있다.

5-5 LCD 디스플레이의 장점과 단점

모든 제품은 장점과 단점이 존재한다. 여기서는 LCD 디스플레이의 장점과 단점에 대해 살펴보자.

LCD 디스플레이는 우리 주변에서 가장 흔하게 접할 수 있는 디스플레이다. 그만큼 개선을 거듭하여 거의 완성된 기술이라고 말할 수 있다. 하지만 그렇다고 해도 단점이 아주 없지는 않다.

장점

LCD 디스플레이가 나오기 전까지는, '디스플레이'라고 하면 보통 두께가 수십 센티미터인 커다란 브라운관 타입을 생각했다. 더구나 휴대가 가능할 거라고는 아무도 생각하지 못했다. 이것을 수 센티미터까지 줄여서 경량화하여 지금과 같은 휴대가 가능한 디스플레이로 만든 데는 LCD 디스플레이의 역할이 아주 컸다고도 말할 수 있다. 즉 경량화light weight, 박형thin form은 LCD 디스플레이의 최대 장점이라고 말할 수 있다.

이러한 경량, 박형 혹은 슬림형 디스플레이가 사회에 미친 영향력은 아무리 강조해도 지나치지 않을 것이다. 그때까지 개인과 개인의 통신은 유선전화로 했었고, 외출해서 밖에서 연락할 때는 무선 호출기 등으로 연락하며 소통했다. 하지만 지금은 외국에 있어도 곧바로 연락할 수 있다. 사진 파일도 순식간에 보낼 수 있다. 가족이 여행지에서 보고 있는 풍경을 함께 있지 않아도 동시에 즐길 수 있게 된 것이다.

그리고 지금 이 순간 지구상에서 일어나는 뉴스를 동영상으로 쉽게 볼 수 있다. 지구촌의 거리가 많이 가까워졌으며 글로벌화가 빠르게 진행되는 것 역시 경량 및 슬림형 디스플레이 덕분이라고 말할 수 있을 것이다.

또한 LCD 디스플레이의 인기가 높아짐에 따라 대량 생산이 이루어졌고 이에 따라서 제품의 가격도 낮아졌는데, 이 또한 장점이라고 할 수 있다.

단점

액정 디스플레이의 단점은 스스로 발광할 수 없다는 것이다. 따라서 빛을 낼 수 있는 발광 패널이 항상 있어야 한다. 그 결과, 액정 패널과 발광 패널 두 장이 함께 필요하기 때문에 디스플레이 전체 두께와 중량을 줄이는 데 한계가 있다.

또한, 발광 패널은 화면의 표시와 상관없이 항상 켜져 있다. 즉 빛을 항상 낸다. 이것은 그만큼 전력 소모가 크다는 말로, 최근의 저소비전력 즉 에너지 절약을 지향하는 사회 분위기와는 잘 맞지 않는다. 또한, 액체 상태의 액정이 들어가는 액정 셀은 액정 분자가 새어 나오지

● **액정 디스플레이의 단점**

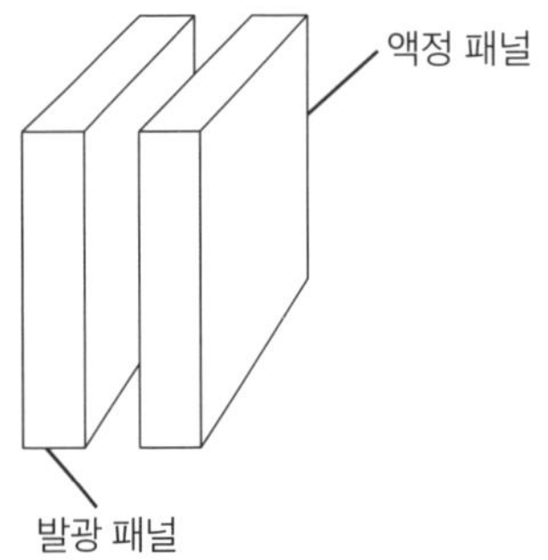

→ 두껍고, 무거우며, 전력 소모가 크다.

않도록 잘 밀봉해야 하는데, 이 또한 기술적으로도, 소재 측면적으로도 그만큼 부담이 되는 일이라고 할 수 있다.

또한, 복잡한 곡면과 같은 다양한 형태의 디스플레이 제품을 제작하기도 쉽지가 않다.

앞에서 이야기했듯 액정이 발견된 것은 19세기 말인 1888년이었다. 이때 유럽에서는 아르누보 장식이 유행했으며, 일본은 메이지 천황 중기에 해당하는 시기였다.

액정이 미국의 기술자가 고안한 아이디어를 통해 디스플레이라는 이름으로 주목받기 시작한 시점은 1965년쯤이며 일본의 전자회사 '샤프'에 의해 실용화된 것은 1973년이었다.

액정의 과거

본격적으로 액정이 실용화되기 이전 약 80년 동안 액정은 특별히 사용 가치가 없는 상태로 방치되어 있었다. 하지만 과학 기술의 연구와 발견은 원래 그런 것이다. 발견자는 발견된 기술이 어디엔가 큰 도움을 줄 것이라 생각해 발견한 게 아니며, 연구자 또한 누군가에게 도움이 될 것이라 생각해 연구하지는 않는다. 현재도 어떠한 실용화될 가능성이 없는 상태로 방치되어 있는 '대단한' 발견과 연구는 분명히 아주 많을 것이다.

알려진 발견이나 연구 결과가 특별히 사용 가치가 없는 상태로 방치되는 건 발견자, 연구

● **액정 프리즘 아이디어**

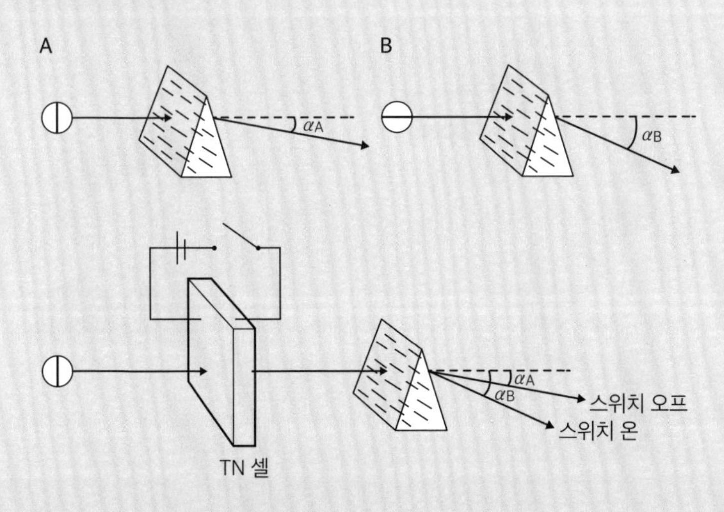

자를 포함해 사회의 그 누구도 그것에 대한 가치를 아직 눈치채지 못했기 때문이다. 그중 하나로 4장에서 소개한 유리성 결정 상태(glassy crystal state)를 꼽을 수 있는데, 현재는 이렇다 할 응용 사례가 없다. 전극으로써 응용하고자 한 연구 시도는 있었던 듯하지만 성과는 아직 미비하다.

한편 LCD 디스플레이가 등장하기 전에도 액정이 사용된 사례가 있다. 그것은 앞에서도 소개한 콜레스테릭 액정(cholesteric liquid crystal)이다. 이것은 분자가 나사 계단 형태로 쌓이는데, 나선형 계단 모양을 한 번 돌고 다시 시작 상태의 모양으로 돌아오기까지의 거리(분자 수)는 온도에 따라 달라진다.

이렇게 되면 빛이 콜레스테릭 액정을 통과하면 나올 때 빛의 색상이 바뀐다. 이 색 변화를 이용하여 어떤 대상의 온도를 측정하는 것이 가능하다. 아이가 감기에 걸렸을 때 이마에 붙여서 온도를 측정하는 간이 체온계가 콜레스테릭 액정을 사용한 예이다.

액정의 앞날

LCD 디스플레이는 라이벌이었던 PDP 디스플레이가 시장에서 자취를 감춘 뒤, 지금은 OLED 디스플레이와 디스플레이 시장의 주인 자리를 놓고 다투는 상황이다. 그러나 액정

● 액정 렌즈 아이디어

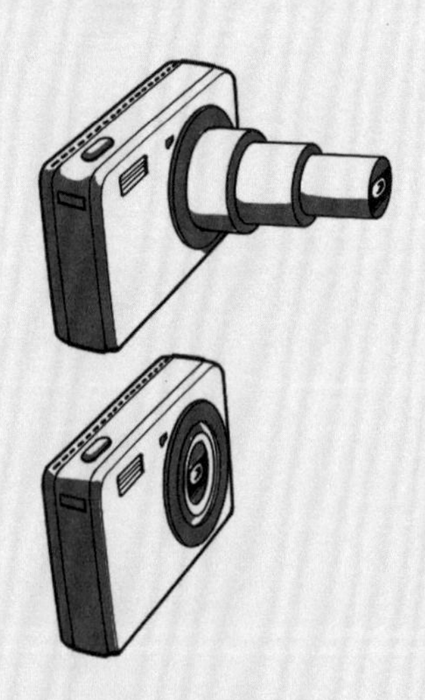

이 디스플레이에만 적용되는 건 액정에 조금은 미안하다는 생각이 든다. LCD 디스플레이에는 엄청난 기술이 담겨 있다. 액정은 인간이 원하는 대로 분자를 컨트롤할 수 있는 기술이다. 지금까지 이런 기술을 본 적이 있는가?
원자를 개별 단위로 움직이는 마법과 같은 기술은 약 40년 전에 발견되었다. 이러한 기술을 이용해 원자들을 기판 위에 잘 정렬하여 아인슈타인의 초상화를 그린 적도 있다. 현재의 액정 디스플레이는 분자를 전체적으로 컨트롤한다. 이러한 기술이 정말로 디스플레이 이외의 분야에서는 응용 가치가 없을까?

a. 액정 프리즘
예를 들어 액정을 그림과 같은 프리즘 형태의 용기에 넣어 거기에 편광 A를 통과시키면 용기에 들어간 편광은 각도 αA로 굴절되어 용기 밖으로 나가게 된다. 그다음에 편광면에서 90도가 트위스트된 편광 B를 통과시키면 굴절 각도가 바뀌어 αB가 된다.
이것은 편광의 편광면 각도를 바꾸면 프리즘 굴절률을 자유롭게 바꿀 수 있음을 의미한다. 이러한 원리를 렌즈에 응용하면 편광의 편광면을 바꾸는 것만으로 렌즈의 초점 거리를 바꿀 수 있게 된다.

b. 액정 렌즈
즉 카메라로 말하자면 렌즈에서 필름 면까지의 초점 거리를 렌즈 길이로 조절할 필요가 없다는 말이다. 카메라 렌즈는 항상 같은 위치에 있으면서 초점 거리를 자유롭게 변경할 수 있는 것이다.
이것은 단지 하나의 예이지만, 만약 분자를 인간이 원하는 대로 자유자재로 움직일 수 있다면 더 대단한 일도 할 수 있지 않을까? 이러한 상상을 실현하는 것이 바로 여러분들의 역할이다. 내가 생각하기에 액정 기술은 디스플레이에만 사용하기에는 너무나 아까운 기술이다.

제6장

그 외의 다른 디스플레이

현재의 시장은 LCD 디스플레이가 메인이고 그 뒤를 OLED 디스플레이가 추격하고 있는 상황이다. 과거에는 PDP 디스플레이가 대형 TV 시장에서 LCD 디스플레이와 시장 점유율을 놓고 경쟁했다. 그 밖에도 발광 다이오드(light emitting diode, LED) 디스플레이, 전계 방출(field emission) 디스플레이, 전자 종이(electronic paper, e-paper) 등이 있다. 이번 장에서는 이러한 다양한 디스플레이 기술을 소개한다.

6-1

플라스마 디스플레이의 원리

2000년 대에는 PDP 타입과 LCD 타입이 대형 TV 시장에서 치열한 쟁탈전을 벌였다. 그럼 PDP 타입에 대해 알아보자.

플라스마란?

지금까지 시장에 제품으로 나온 평판 디스플레이 타입으로는 LCD, PDP, OLED가 있다. 이 세 종류의 디스플레이에서 표시 기술은 원리가 서로 다르지만, 디스플레이가 제품화되었을 때 성능에는 거의 차이가 없어 보이기 때문에 소비자들이 제품을 선택할 때 판단을 내리기 어렵게 만든다.

화면을 표시하기 위해 LCD는 액정 분자를 사용하고, OLED는 OLED 발광 분자를 사용하며, PDP는 플라스마를 사용한다. 여기에서 플라스마란 무엇일까? 플라스마는 간단히 말해 이온들의 집합체와 같다. 원자는 (+)전하를 띤 원자핵과 (-)전하를 띤 전자로 구성된 중성 상태의 물질이다. 중성 상태의 원자에서 전자를 제거하면 나머지 원자 부분은 (+)전하를 띠게 된다. 이것을 양이온이라고 한다.

양이온과 원자에서 제거되어 나온 전자의 집합체를 플라스마라고 한다. (+)와 (+), (-)와 (-) 등 같은 전하 사이에는 정전기적 반발elextro-static repulsion이라고 하는 반발력이 생기기 때문에 서로 가까워질 수 없다. 그렇기 때문에 플라스마는 에너지가 아주 높은 기체 상태이다.

플라스마 발광

제논Xe이나 아르곤Ar 같은 비활성 원소의 기체를 셀에 넣어 셀을 밀봉한 다음 방전시키면, 제논이나 아르곤 원자는 전기 에너지를 흡수하여

● **플라스마 발광 원리**

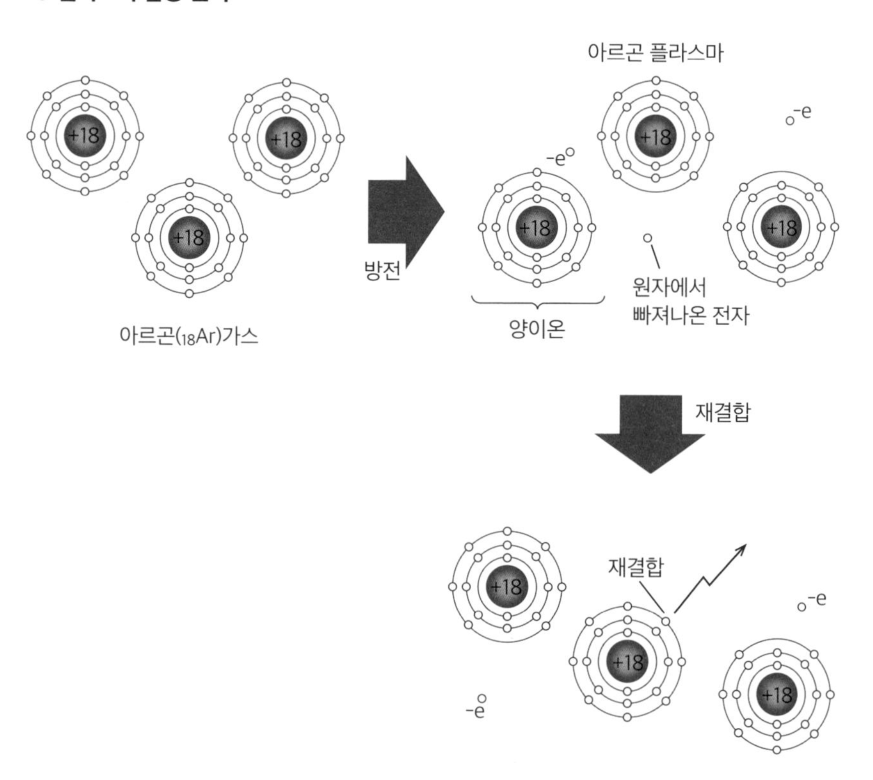

그 에너지로 전자를 방출시켜서 양이온과 방출된 전자로 구성된 플라스마 상태가 된다.

플라스마 상태는 불안정하기 때문에 양이온과 방출된 전자가 다시 결합해서 원래의 중성 상태의 원자로 되돌아간다. 이때 남은 여분의 에너지를 빛으로 발광하게 되는데, 이 원리는 제1장에서 소개한 수은등의 발광 원리와 비슷하다. 수은등의 경우 수은이 전기 에너지를 흡수해 '여기 상태excited state'가 되지만 플라스마는 그 자체가 여기 상태에 해당된다고 생각해도 좋다.

PDP 디스플레이는 바로 플라스마 상태가 방출하는 빛을 이용해서 화면 표시를 구현한다. 따라서 PDP 디스플레이에서 플라스마는 그 자체가 발광체가 된다. PDP 디스플레이는 LCD 디스플레이와는 다르고 OLED 디스플레이와 비슷하다고 할 수 있다. 즉 OLED와 같은 자발광 디스플레이이다.

형광(fluorescence)

플라스마는 매우 에너지가 높은 상태이며 발광하는 빛 또한 높은 에너지를 가진 자외선이다. 자외선은 파장이 짧고200~400nm, 가시광선의 파장 범위400~800nm를 벗어나기 때문에 인간의 눈으로는 보이지 않는다. 따라서, 이 자외선 영역에 해당하는 빛을 일단 형광 물질에 흡수시켜서 그림과 같이 에너지를 떨어트리고 장파장의 가시광선 영역의 빛으로 발광시킨다. 이 원리는 제1장에서 소개한 형광등의 원리와 완전히 똑같다.

즉, PDP 디스플레이의 발광 원리는 형광등과 같다는 이야기다.

● **플라스마 타입의 원리**

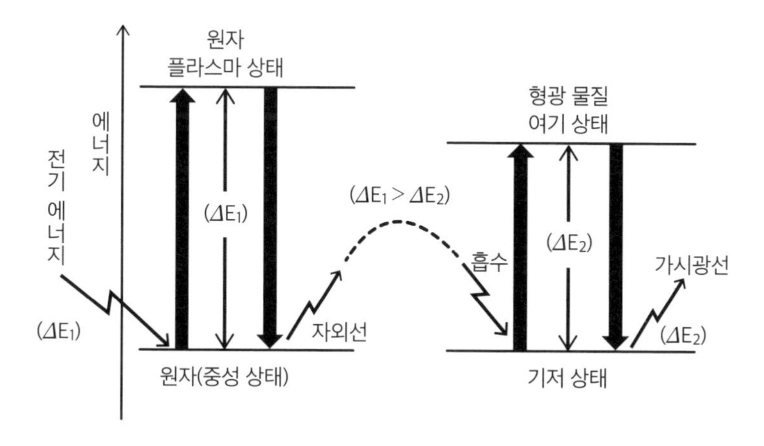

PDP 디스플레이 화면에는 아주 미세한 형광 램프들이 한 면에 깔려 있다고 생각하면 된다. 플라스마에서 나오는 빛은 자외선 하나이지만 자외선을 흡수한 형광 물질이 내는 빛은 형광 물질의 종류에 따라서 적색, 녹색, 청색의 빛을 띠는 삼원색으로 발광시킬 수 있다.

6-2

플라스마 디스플레이의 실체

플라스마의 발광 원리에 대해서 이해했다면, 이것을 디스플레이에 어떻게 적용하는지 알아보자.

원자가 전기 에너지에 따라 플라스마 상태가 되고, 다시 중성 원자 상태로 돌아갈 때 빛이 나온다는 원리는 이해했을 것이다. 이것을 실제 디스플레이에는 어떻게 적용하는 걸까?

셀 구조

플라스마 TV의 소자 구조는 아래 그림과 같다. 각 단위 셀은 세 개의 서브 셀로 나눌 수 있고 각각 적색, 녹색, 청색의 형광 물질이 도포되어 있다. 각 서브 셀에는 구동에 필요한 전극이 두 개씩 세트로 구성되어 있고 그 속에는 플라스마 상태를 만들 수 있는 비활성 기체가 채워져 밀봉되어 있다.

셀 안에는 기체가 들어가기 때문에 공기나 기체가 새지 않는 기밀성이 아주 높은 셀 소재를 사용해야 하며 보통 고분자 소재가 아닌 유

● **플라스마 TV 소자 구조**

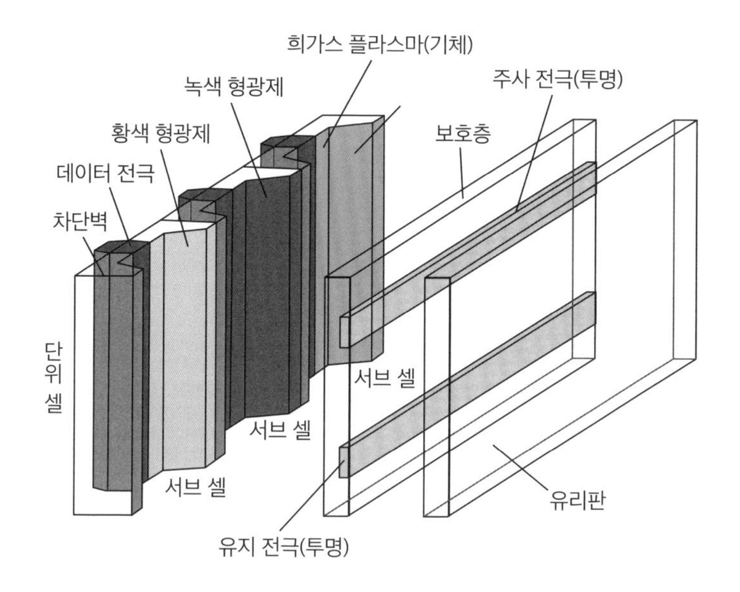

리 소재가 사용된다. 따라서 셀의 경량화나 유연성은 상대적으로 떨어지게 된다.

방전(discharge)

셀 안에 들어 있는 비활성 기체는 서브 셀의 전극에 의해 방전되어, 플라스마를 발생시켜 형광 물질에서 빛이 나게 된다. 셀은 형광등과 같은 원리로 작동한다. 따라서 전극에서 일어나는 방전도 한 번이 아니라 발광하는 동안에는 방전을 계속 반복해야 한다.

전극에는 데이터 전극과 표시 전극이 있다. 표시 전극은 주사 전극과 유지 전극 두 개로 이루어진다. 데이터 전극과 주사 전극을 이용하여 방전시키고, 주사 전극과 유지 전극은 플라스마 발광을 제어 및 유

● 플라스마 방전 종류

플라스마셀 모식도

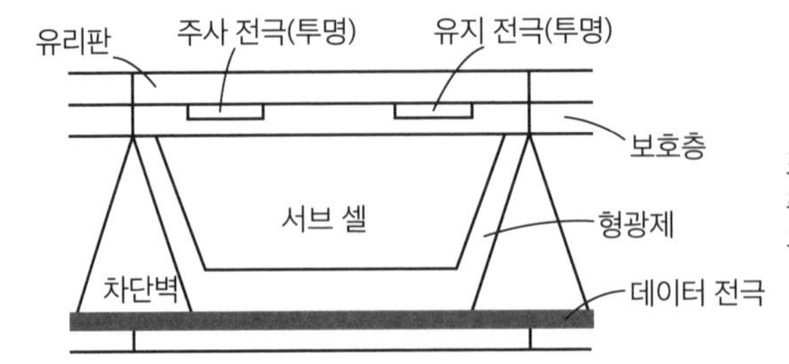

표시 전극은
주사 전극과 유지 전극으로
구성되어 있다.

예비 방전

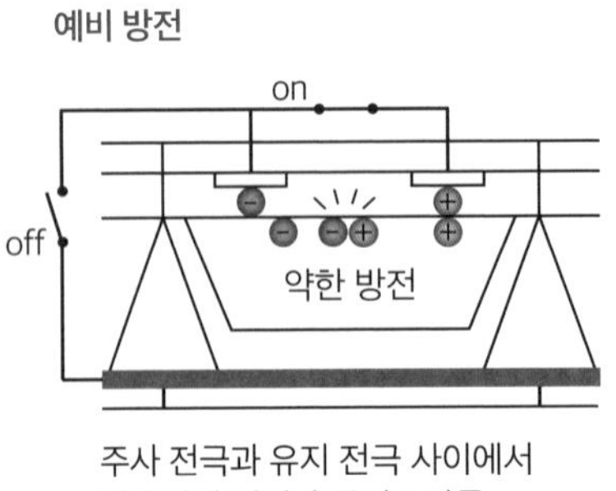

주사 전극과 유지 전극 사이에서
방출되어 언제나 플라스마를
발생시킬 수 있도록 준비한다.

기록 방전

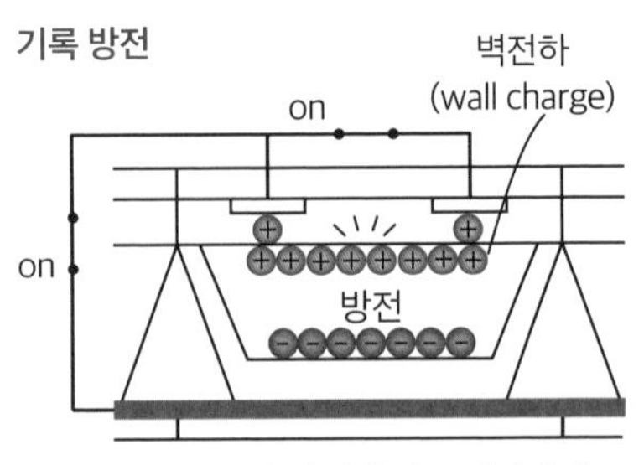

표시 전극과 데이터 전극 사이에서
방전되어 셀 내부에 플라스마를
발생시킨다.

유지 방전

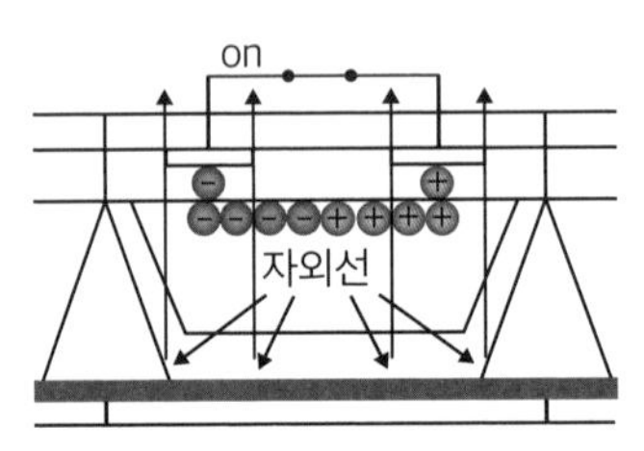

플라스마 내부에서 자외선을
발생시켜 형광제에 따라
가시광선을 방출하는 플라스마를
유지한다.

소거 방전

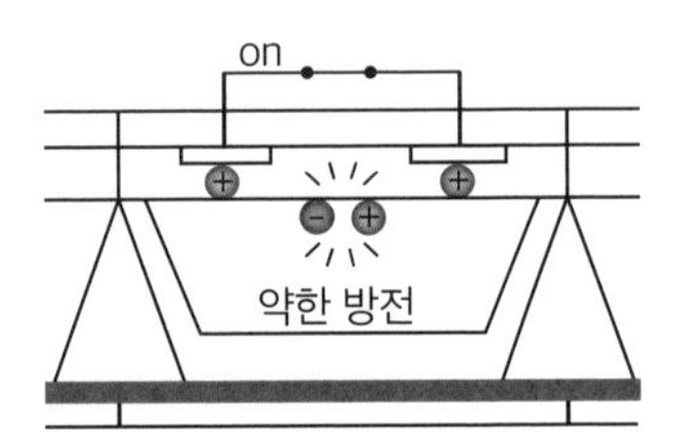

주사 전극과 유지 전극 사이에서
약한 방전을 일으켜 벽전하(wall
charge)를 소거시키고 상태를
리셋한다.

지하는 역할을 한다.

방전에는 다음과 같이 몇 가지 종류가 있다.

예비 방전 형광 물질이 도포되어 있는 셀을 안정적으로 발광시키기 위해서는 글로우Glow 방전이 필요한데 이때 동시에 플라스마 셀에도 예비 방전을 만들어둘 필요가 있다. 이것 때문에 표시 전극의 주사 전극과 유지 전극 사이에서 약한 방전이 일어나게 된다. 이것을 예비 방전이라고 한다.

기록 방전 셀 내부에 플라스마를 발생시키기 위한 방전으로, 데이터 전극과 주사 전극 사이에서 방전시킨다. 이때 발생한 전하electrical charge는 보통 셀 내의 보호막 벽면에 붙어 있기 때문에 벽전하wall charge라고 부른다.

유지 방전 주사 전극과 유지 전극 사이에서 연속적인 방전을 일으켜 플라스마 농도를 유지시킨다. 플라스마의 농도, 즉 셀의 휘도는 단위 시간당 방전 횟수에 비례한다.

소거 방전 마지막으로 셀 내부에 남아 있는 벽전하를 전부 소진하기 위해 주사 전극과 유지 전극 사이에 약한 방전을 일으킨다. 이렇게 하면 켜진 셀의 내부 상태는 원래의 상태로 돌아가게 되고 다음 예비 방전을 위해서 조건들이 리셋된다.

6-3

플라스마 디스플레이의 개선

플라스마 디스플레이가 인기였을 때는 고휘도나 고해상도에 대한 수요가 높아서 다양한 개선이 이루어졌다. 여기서는 이에 대해 간단하게 살펴보자.

디스플레이에서 아름다운 화면을 구현하기 위해서는 고휘도와 고화질, 그리고 아름답고 다양한 색상 구현이 필요하다. 그것을 실현하기 위해 여러 방법으로 새로운 아이디어가 고안되고 있다.

고휘도화

휘도를 높이기 위한 아이디어 중 하나는 셀의 깊이를 깊게 만들고 부피를 크게 하는 것이다. 휘도는 셀의 전면 면적당 플라스마 수에 비례한다. 플라스마 밀도가 일정하고 전면 면적이 같으면 셀을 깊게 만들어서 부피를 늘리면 된다. 그만큼 전면 면적당 플라스마 개수가 늘어나 휘도가 올라가게 된다.

● 컬러 표시의 원리

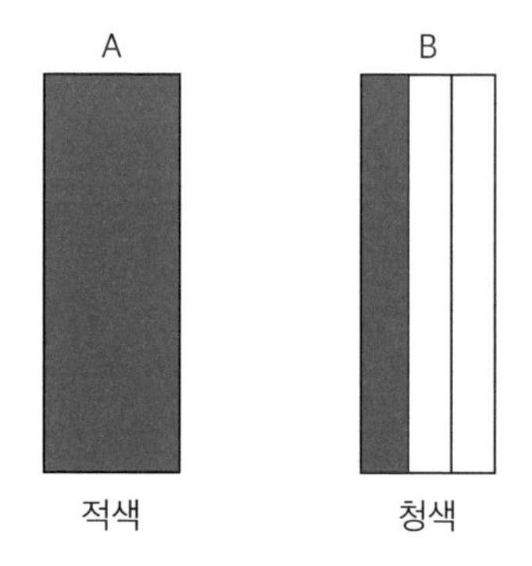

고해상도화

더 선명한 디스플레이를 위한 고해상도 아이디어를 살펴보자. 디스플레이 패널로 보내지는 정보의 양은 일정하다. 따라서 화면에 표시할 수 있는 화소pixcel의 개수는 TV의 종류, 크기와 관계없이 일정하다. 이러한 조건에서 화면의 선명도, 즉 해상도를 높이기 위해서는 화소의 전면 부분을 모두 화소로 만들 필요가 있다.

LCD, PDP, OLED 디스플레이 모두 화면의 다양한 컬러 구현을 위해서는 한 개의 화소를 3분할해서 적, 녹, 청색 세 개의 서브 픽셀로 구성해야 한다. 이는 색상을 표현할 수 있는 각각의 서브 픽셀 면적이 전체 픽셀 면적의 1/3에 지나지 않는다는 점을 의미한다. 예를 들어 그림에서 화면에 빨간색 띠를 표시한다고 할 때 표시가 되는 부분은 그림 A이다. 하지만, 3분할 방식으로 표시하면 그림 B로 빨간색 띠가 표시된다.

PDP 디스플레이에는 다른 디스플레이에는 없는 문제가 있다. 그것은 전극 간의 쇼트를 피하기 위해 전극과 전극 사이에 일정한 간격

● **보다 선명한 플라스마 디스플레이를 위한 연구**

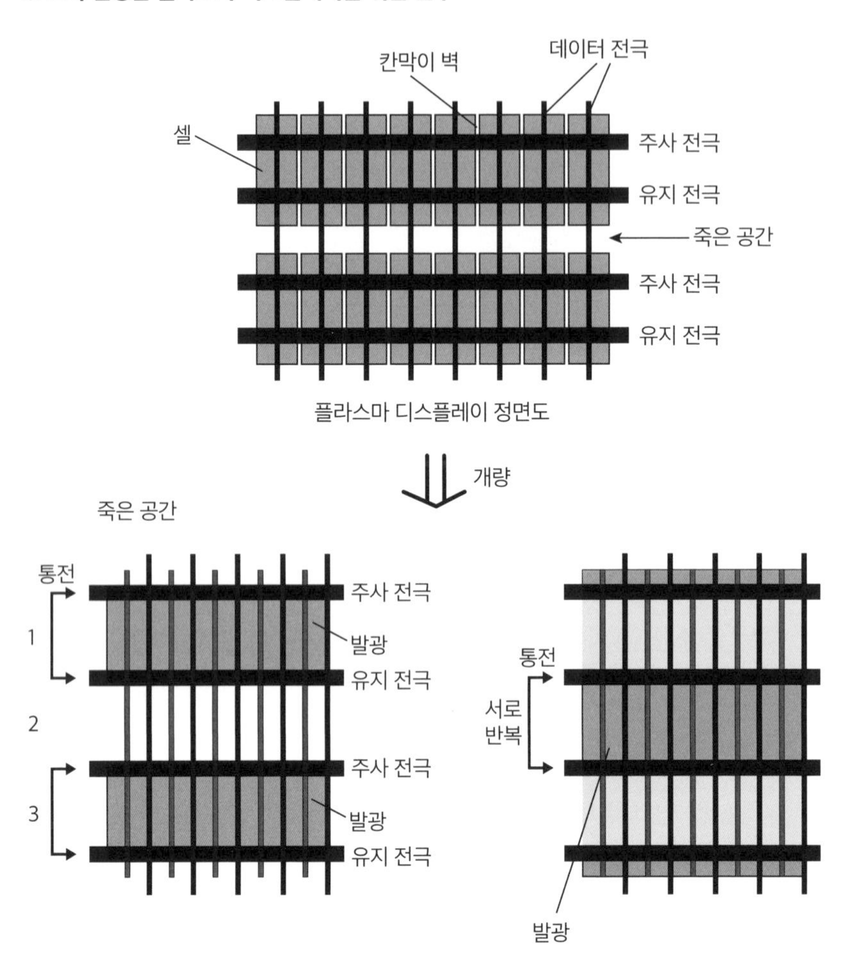

이 있어야 한다는 점이다. 이 간격은 화면 표시가 안 되는 이른바 죽은 공간dead space이 된다. 이러한 죽은 공간은 고해상도화에 큰 걸림돌이 되기에, 플라스마 디스플레이에서는 고해상도화를 위해 넘어야 할 산이 컸다.

이 문제를 해결한 것이 전극을 시간에 따라 구분하는 방법이다. 즉 이번 차례에는 짝수 번호 라인의 전극 사이를 방전시키고, 다음 차례에는 홀수 번호 라인의 전극 사이를 방전시키는 것이다. 이렇게 함으로써 지금까지 방전되지 않은 공간에서도 방전이 되어 모든 픽셀이 죽은 공간 없이 화면의 고해상도화에 기여할 수 있게 되었다.

색채의 고순도화

아름다운 천연색에 가까운 색상을 표현하기 위해서는 빛의 삼원색을 정확하게 표현할 필요가 있다. 적색, 녹색, 청색으로 구성된 빛의 삼원색을 정확하게 표현하는 일을 색순도를 높이는 작업이라고 한다. 색순도를 높이기 위한 방법들을 살펴보자.

a. 제색 필터 Decolorizing filter

플라스마를 만드는 비활성 기체는 부수적으로 오렌지 형광빛이 나와서 디스플레이의 색순도가 저하되는 문제가 발생하는데, 제색 필터는 셀에 필터를 올려서 이 오렌지 형광빛을 제거한다.

b. 비대칭 셀 Asymmetric cell

형광 물질을 사용하여 빛의 삼원색을 표현할 경우, 형광 물질에 따라서 발광 효율이 달라진다. 보통 청색 발광을 하는 형광 물질은 발광 효율이 좋지 않다.

이 경우 현실적으로 간단한 해결 방법은 픽셀에서 청색 발광 면적을 적색이나 녹색 발광 면적 대비 크게 만드는 것이다. 이렇게 표현하는 것을 비대칭 셀 방식이라고 한다.

플라스마는 이 책에서 소개한 것처럼 원자가 원자핵과 전자로 분리되어 있는 상태의 물질을 뜻하며, 기체 상태이다. 플라스마는 쉽게 접할 수 없는 단어라서, '플라스마 상태가 어디 존재하지?'라고 의문을 가질 수도 있을 것이다. 하지만 플라스마는 의외로 우리 가까이에 존재한다. 플라스마(PDP) TV를 가지고 있는 사람이라면 TV를 켜고 화면을 보고 있을 때, 바로 그 안에 플라스마가 있다.

형광등부터 오로라까지

플라스마 TV가 없는 가정이라도 집 안의 형광등 속에 플라스마가 존재한다. 즉, 수은이 전기 에너지에 의해 플라스마 상태가 되어 발광하고 있는 것이다. 전기가 없어도 양초의 연기 속에는 양초를 구성하는 원자가 플라스마 상태로 존재한다.

더 극적인 예로 번개를 들 수 있다. 번개가 칠 때 발생하는 지그재그 형태의 번쩍임은 번개

● 낙뢰

가 생길 때 만들어지는 플라스마에서 나오는 빛이다. 우리가 자주 보는 현상은 아니지만, 옛날 사람들이 시골에서 도깨비불이라고 하며 무서워했던 것이 있었다. 이것도 또한 플라스마 현상의 한 형태이며 매우 높은 에너지를 가지고 있기 때문에 가까이 가면 위험하다.
우주에서 빛나는 태양은 플라스마 상태의 거대한 수소 원자 덩어리이다. 우리가 알고 있는 태양풍은 바로 태양으로부터 나온 플라스마이다. 이 플라스마에서 나온 빛이 지구로 와서, 대기 중에 있는 질소나 산소 분자가 그 빛을 흡수하고, 다시 발광하는 현상이 바로 극지방에서 발견되는 오로라 현상이다.

다이아몬드와 플라스마

다이아몬드를 최초로 인공적으로 합성한 회사는 미국의 '제네럴일렉트릭'으로, 1954년의 일이었다. 인조다이아몬드는 고온, 고압으로 불리는 2000℃, 10만 기압이라는 아주 가혹한 조건에서 합성이 가능하다. 이 방법은 현재에도 유효하지만 이외에 전혀 새로운 방법도 개발되었다.
그것은 기상법(Vapor-phase method)이라는 것으로, 플라스마를 활용한 방법이다. 메탄가스(CH_4)를 태우거나 혹은 전기 스파크를 사용하여 탄소 플라스마를 만들고 이것을 결정화하여 다이아몬드를 만든다. 이 방법은 일본에서 개발된 것으로 박막 형태의 다이아몬드를 만들 수 있기 때문에 공작기기의 표면에 다이아몬드를 코팅하거나 전자 소자 기판에도 활용할 수 있다.
또한, 풀러린(C_{60})이나 탄소 나노튜브(carbon nanotube)도 탄소 전극에 전기 스파크를 일으켜 탄소 플라스마를 만들어 다이아몬드를 합성할 수 있다. 당초 1g이 100만 엔이었던 풀러린도 지금은 손쉽게 구할 수 있을 정도로 가격이 많이 낮아졌다.

핵융합로

현재 주목받고 있는 플라스마의 활용법은 핵융합로이다. 원자핵은 아주 큰 에너지를 가지고 있다. 이 원자핵에서 에너지, 즉 원자력을 꺼내기 위해서는 두 가지 방법이 있다. 원자핵을 분열시키는 방법과 두 개의 원자핵을 서로 융합시키는 방법이다. 현재, 원자력이라고 부르는 방법은 핵분열을 이용한 것이다. 핵분열 에너지를 이용하는 것은 원자폭탄과 원자력 발전이 있다. 원자폭탄의 폭발력은 TNT 화약의 중량으로 표시된다. 히로시마에 투하된 규모는 20킬로톤, TNT 화약 2만톤 분량의 폭발력을 가지고 있었다.

핵융합 에너지를 이용한 무기가 수소폭탄이다. 1961년에 구소련이 실험한 수소폭탄의 폭발력은 50메가톤으로 TNT 화약 5000만 톤에 달하는 규모였다. 이처럼 핵분열과 핵융합에서 발생하는 에너지는 아주 큰 차이가 있다.

지금, 인류가 실용화하고자 하는 것은 핵융합을 이용한 핵융합로이다. 핵융합로에서는 수소 원자의 플라스마를 이용하여 핵융합을 일으킨다. 하지만 핵융합이 자발적으로 일어나는 임계 조건은 온도가 약 1억℃이다. 플라스마의 밀도는 100조(兆) 개/cm^3, 플라스마 상태의 유지 시간은 1초로 알려져 있다.

그동안의 연구 결과로 위에서 이야기한 핵융합로의 조건은 달성했지만 실제로 사용하기 위해서는 이 조건을 1초 이상, 즉 아주 장시간에 걸쳐 지속시켜야 한다. 이것을 실현해서 현실에 적용하는 것은 빨라야 30년 후라고 한다.

6-4 발광 다이오드

이번 장에서는 발광 다이오드(Light Emitting Diode) 디스플레이, 즉 LED 디스플레이에 대해서 알아보자.

현대는 표현의 시대라고 이야기한다. '내용'이 좋고 안 좋은 것도 물론 중요하지만, 프레젠테이션 즉 발표하는 능력 또한 중요하다. 아무리 내용이 좋더라도 발표하는 방법이 그저 그러면 발표를 보는 많은 사람은 발표가 끝나기도 전에 지겨워질 것이다.

LED는 Light Emitting Diode의 약칭이며 '발광 다이오드'라고 번역한다. 다이오드란 라틴어로 두 개를 의미하는 di와 영어의 ode전기가 통하는 길이라는 뜻의 결합어이며 두 개의 전극을 가진 반도체 소자를 뜻한다.

n형 반도체와 p형 반도체

반도체에는 다양한 종류가 있는데 보통 p형 반도체와 n형 반도체로 구분한다. p형 반도체와 n형 반도체는 서로 페어쌍를 만들어서 다양한 특성을 나타내는 것으로 알려져 있으며 최근에 주목받고 있는 태양 전

● **주기율표로 보는 n형 반도체와 p형 반도체**

p형 반도체: 13, 14족 / n형 반도체: 14, 15족

11	12	13	14	15	16	17	18
							He 2 헬륨
		B 5 붕소	C 6 탄소	N 7 질소	O 8 산소	F 9 불소	Ne 10 네온
		Al 13 알루미늄	Si 14 규소	P 15 인	S 16 황	Cl 17 염소	Ar 18 아르곤
Cu 29 구리	Zn 30 아연	Ga 31 갈륨	Ge 32 저마늄	As 33 비소	Se 34 셀레늄	Br 35 브로민	Kr 36 크립톤

지도 p형과 n형이 페어를 만드는 반도체의 한 종류이다.

반도체의 구성은 화학 주기율표에서 14족 원소, 즉 원자가전자原子價電子가 네 개인 탄소C, 실리콘Si, 저마늄Ge 등을 이용한다. 이때 14종 원소들 사이에 원자가전자가 1개 적은 13종 원소, 알루미늄Al, 갈륨Ga, 인듐In을 섞으면 원자가전자가 1개 부족한 양이온 타입positive 타입의 p형 반도체가 된다. 반대로 14족 원소보다 원자가전자가 많은 15족 원소 인P을 섞으면 원자가전자 수가 과잉인 음이온 타입negative 타입인 n형 반도체가 된다.

LED

LED는 전자적 성질이 전혀 다른 두 종류의 반도체를 접합시킨 복합 반도체를 말한다. 두 종류의 반도체란 p형 반도체원자가전자가 4개 이하와 n형 반도체원자가전자가 4개 이상를 접합시켜 이것을 전기도선에 연결한 형

● **LED의 구성**

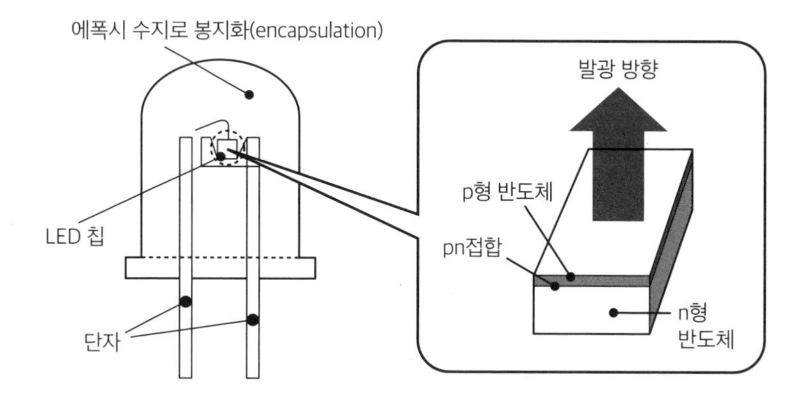

태를 말한다.

LED에 전류가 흐르면 전자는 n형 반도체 부분에서 p형 반도체 부분으로 이동하여 pn 접합면에 도달했을 때 빛이 나게 된다. 발광색은 상대적으로 늦게 개발된 청색 발광 다이오드까지 개발이 된 결과 적색, 녹색, 청색 즉 빛의 삼원색의 풀컬러full color 구현이 가능해졌다.

LED 발광은 일반적인 백열전구 발광에 비해 다음과 같은 장점을 갖는다.

① 발광을 할 때 발열이 일어나지 않는다. (이를 냉광이라 부른다.)
② 수명이 길다. (전구의 약 10배)
③ 소비 전력이 적다. (전구의 약 1/10)
④ 응답 시간이 짧다. (전구의 약 1/100만)

이렇듯 LED는 점광원으로 사용하기에 우수한 특성을 가지고 있으며 이를 적당하게 조합하면 각종 표시 수단으로 활용할 수 있다. 또한, 빛의

● **LED 발광 원리**

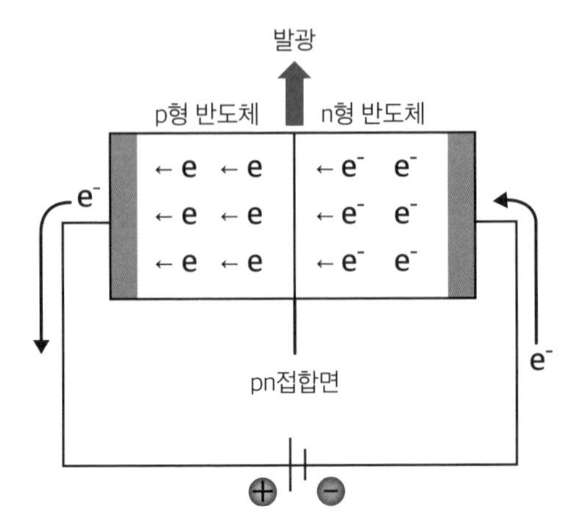

삼원색인 적, 녹, 청색 발광이 가능한 LED를 함께 배열해서 소자를 만들면 LCD 디스플레이의 백색 발광 패널back light unit, BLU로 활용할 수 있다. 우리가 야외에서 볼 수 있는 대형 풀컬러 전광판의 대부분은 LED 방식을 채택하고 있다.

새로운 기술이 개발되면, 그 이전의 오래된 기술들은 시장과 소비자들의 관심에서 사라지게 된다. 디스플레이 분야, 정보 시스템 분야에서도 마찬가지이다. 옛날 옛적 만리장성 시대 때에는 봉화로 소식을 전달했고, 불과 100여 년 전만 해도 모스 부호(Morse Code)로 통신을 했다.

영상 분야에서는 정지화면의 환등기가 나왔고, 얼마 안 있어 정지화면이 움직이는 영화가 등장했다. 영화도 처음 나왔을 때는 소리가 안 들리는 무성 영화였고 변사라고 불리는 사람이 해설을 해주면서 무성 영화를 상영했다. 그리고 마침내 음성이 들어간 발성 영화가 탄생했으며 음성이 들어간 영화가 일반화되었다.

한편, 정보 통신 수단으로는 전화와 라디오가 발명되어 유행했으며 이것이 TV로 넘어온 시기는 제2차세계대전이 끝난 다음부터였다. TV는 텔레비전(television)의 약칭이다. TV의 등장은 사람들에게 매우 충격적이었으며 가격 또한 고가였기 때문에 일반 서민들은 TV를 집에서 시청하기 쉽지 않았다.

● **제2차세계대전 종전 직후 가정용 TV 형태**

TV는 대형 전자제품 판매점이나 백화점 전자제품 매장, 공원 등에 설치되어 많은 사람들이 그 당시 인기 프로야구선수였던 요미우리 자이언츠의 투수 가네다 마사이치나 유명한 프로레슬링 선수 역도산의 경기를 열심히 시청하는 풍경을 만들었다. 당시의 TV는 브라운관 TV였으며 화면 사이즈는 대부분 14인치에 흑백 화면이었다.

브라운관이라는 이름은 발명자인 독일의 기술자 카를 페르디난트 브라운(Karl Ferdinand Braun)의 이름에서 유래되었다. 브라운관은 유리로 만들어진 진공관의 일종이며, 전자빔을 형광체에 쏴서 빛을 내는 장치이다. 그 전자빔을 이동시키면서 화면을 표시하는 원리로 작동된다.

깔때기(funnel, 펀넬)라고 불리는 진공관 내부에 있는 전자총에서 전자빔(전자들의 흐름)을 발사한다. 양극에 인가된 높은 전압에 의해 발사된 전자들은 가속화해 앞면 유리에 도포된 형광 물질에 충돌하여 형광빛을 만든다. 전자빔은 전기장(electric field)이나 자기장(magnetic field)에 의해 컨트롤되며 1초에 수백 번 이상 전자빔이 왕복하면서 잔상을 만

● 카를 페르디난트 브라운

브라운관을 발명한 독일 기술자,
카를 페르디난트 브라운

출처 : Wikipedia

들고 화면을 표시하게 된다. 이 왕복 회수를 주사선이라고 한다. 브라운관은 유리 재질이며 어느 정도 사이즈가 있는 진공관이기 때문에 브라운관 장치 자체만으로도 꽤 무게가 나가게 된다.

드디어 흑백 TV가 컬러 TV로 바뀌게 되고, 당시 일본의 전자제품 업체인 히타치에서 '키도컬러(KidoColor)'라는 상품을 출시했는데 이 상품은 지금도 업계에서 걸작으로 여겨진다. 이 상품명의 의미는 화면이 밝다는 의미의 '휘도' 와 이를 위해 사용한 형광 물질인 '희토류'의 합성어이다. '희토류'는 주기율표 3족 원소에 해당한다. 즉, '키도컬러(KidoColor)'라는 상품은 히토류 형광 물질을 사용해 컬러 화면을 구현했다는 의미이다.

그러다 약 30여 년 전에 갑자기 LCD, 플라스마(PDP) 방식의 두께 10cm, 화면 사이즈는 40, 50인치인 슬림형 TV가 시장에 나왔다. 소비자들 사이에서 인기가 폭발적이었던 것도 무리는 아니다. 현재 브라운관 TV는 시장에서 완전히 자취를 감췄다.

● 브라운관의 구조

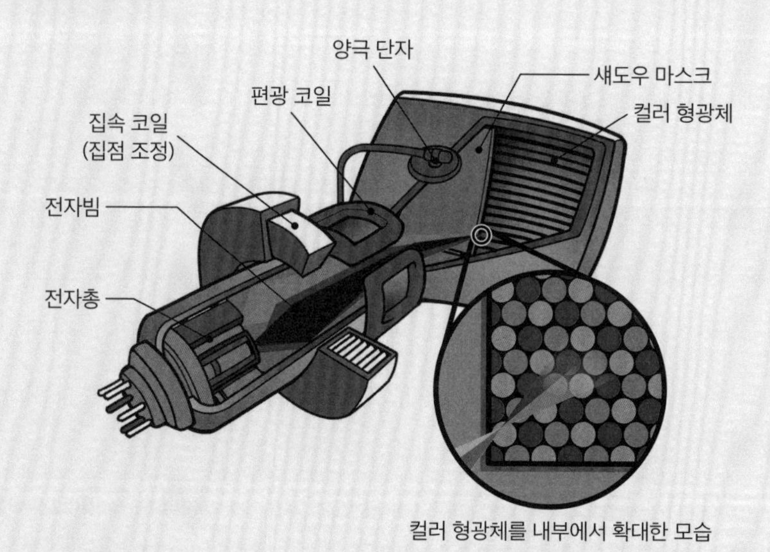

컬러 형광체를 내부에서 확대한 모습

6-5 전계 방출 디스플레이

다음으로는 전계 방출 디스플레이(Field Emission Display, FED)를 소개하고자 한다. 이에 더해 FED의 기술적인 문제를 해결하기 위해 필요한 새로운 소재에 대해서도 알아보자.

전계 방출 디스플레이는 브라운관 TV와 유사한 디스플레이라고 볼 수 있다. 우리에게 익숙했던 브라운관 TV는 앞에서 이야기했듯 전자총에서 발사된 전자들이 앞쪽 유리면에 붙어 있는 형광 물질에 부딪히면서 발광을 하게 된다.

FED 디스플레이를 구성하는 FED 소자는 매우 작지만, 전자를 방출하는 전자총 파트와 전자를 받아서 빛을 내는 형광 물질 파트로 구성이 되어 있다. FED 소자의 특징은 브라운관처럼 한 개의 소자에 한 개의 전자총이 아닌 소자 한 개당 수많은 전자총이 들어 있다는 점이다.

FED 디스플레이는 전자총에서 전자방출을 위해 고전압100만 V 정도이 필요하다는, 즉 구동 전압이 아주 높다는 게 단점으로 지적되고 있다. 하지만 전자총으로 탄소 나노튜브carbon nanotube, CNT를 사용하면 구

● 20세기 말 발견된 신소재

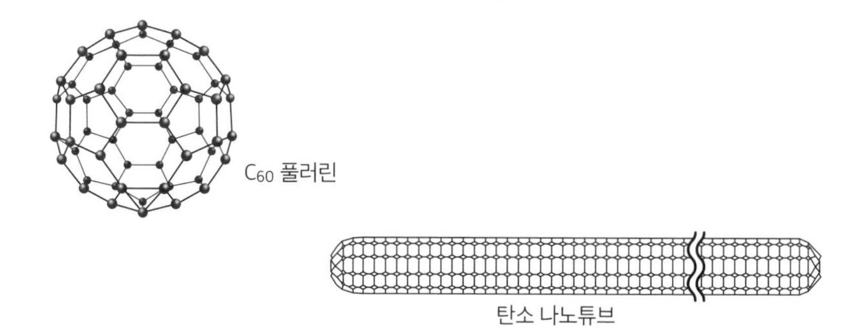

동 전압을 상당히 낮출 수 있는 걸 발견하여 한때 주목을 받았다.

탄소 나노튜브와 풀러린은 20세기 말에 발견되었으며 앞으로 많은 분야에서 활용 가능성이 큰 새로운 소재로서 주목받고 있다.

6-6 진공 형광 표시관

진공 형광 표시관(Vacuum Fluorescent Display)은 일본에서 발명되고 완성된 독자적인 기술이며 지금도 다양한 방면에서 널리 활용되고 있다. 진공 형광 표시관 기술의 특징과 활용처에 대해 간단하게 알아보자.

지하철역에 설치된 티켓발매기나 자동판매기에서 볼 수 있는 요금 표시판, 전자계산기의 화면, 그리고 숫자를 표시하는 디스플레이 장치는 매우 많다. 이러한 디스플레이 장치 대부분을 LCD 디스플레이라고 생각하기 쉽지만, 사실은 진공 형광 표시관VFD, Vacuum Fluorescent Display 이다.

진공 형광 표시관은 1966년 '이세전자공업'지금은 '노리타케이세전자' 의 나카무라 다다시 박사 연구팀에 의해서 발명된 기술이다. 가전제품에서 간단한 글자나 숫자 표시가 청백색으로 빛나는 디스플레이는 대부분 바로 이 진공 형광 표시관 기술을 사용해서 만든 것이다.

해외에서 발명된 LCD 디스플레이의 특허 사용료가 비쌌던 시절에, 그러니까 1970년대 전자계산기가 인기였을 때 전자계산기에 사용되는 화면 표시용 디스플레이로서 진공 형광 표시관이 채택되어 계속

● **초기 VFD**

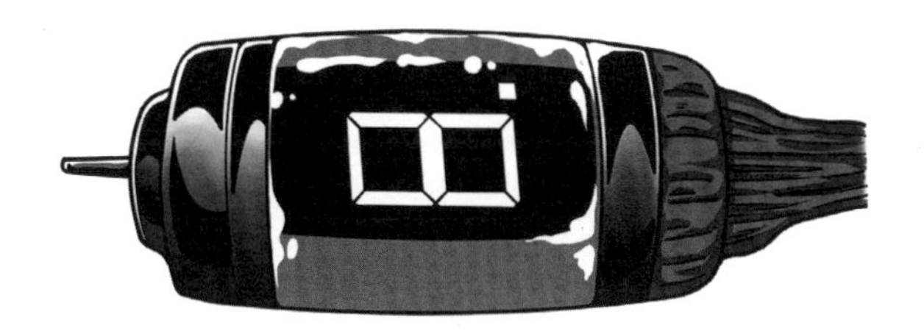

기술이 발전되어나갔다.

초기의 진공 형광 표시관은 유리 재질의 진공관으로 한 자리 숫자만 표시가 가능했는데 지금은 복수의 숫자와 기호까지 표시할 수 있도록 발전되었고 활용처도 더욱 넓어졌다.

진공 형광 표시관은 전자를 방출하는 음극, 방출된 전자를 받는 양극 그리고 전자를 컨트롤하는 그리드 전극으로 구성되는 삼극관이며, 진공관의 한 종류이다. 음극에서 나온 전자는 그리드 전극에 의해 가속되거나 컨트롤이 가능하며, 양극에 있는 형광 물질에 부딪혀 빛이 나게 된다.

처음 개발되었을 때는 녹색 발광 한 가지만 가능했지만, 지금은 적색부터 청색까지 아홉 가지 정도의 색이 상품화되어 이러한 색상들을 섞어서 백색광도 구현이 가능하다.

진공 형광 표시관의 특징은 다음과 같다.

- 형광 물질에서 발광하기 때문에 시야각이 우수하다.
- 자발광 표시 소자여서 콘트라스트비(명암비) 효과가 우수하다.
- LCD 디스플레이는 저온에서 성능이 저하되는데 진공 형광 표시관은 온도의 영향을 거의 받지 않는다.

● **현재 VFD**

- 제조 비용이 저렴하다.
- 작동 수명이 길다.

이러한 장점도 있지만 단점도 존재한다.

- 장시간 같은 위치에서 발광시키면 형광 물질이 열화되어 번인burn-in 현상이 생긴다
- 응답 속도가 빠르기 때문에 화면 표시가 깜빡거린다. 즉 화면이 흐리게 보일 수 있다.
- 항상 음극으로 전류가 흘러야 하기 때문에 소비 전류가 커서 배터리를 사용하는 전자제품에는 적합하지 않다.

6-7 전자종이

전자종이(electronic paper, e-paper)의 화면 표시 기술에 대해서 살펴보자.

액정형

액정을 사용하는 타입에는 몇 가지 종류가 있는데, 여기서는 두 가지를 소개하고자 한다.

a. 콜레스테릭 액정형

액정형 전자종이의 경우, 검은색 기판 위에 액정 패널을 올린다. 콜레스테릭 액정형은 액정 패널에 콜레스테릭 액정을 주입한다. 앞에서 이미 소개한 바와 같이 액정은 나선 계단처럼 쌓이는 특징이 있다. 이 상태에서는 액정은 빛을 통과시키지 못하고 반사한다. 그래서 검은색 기판은 보이지 않고 화면이 하얗게 보인다평면 상태.

이 상태의 화면에서 특정 위치에 약한 전압을 걸면 콜레스테릭 액정 분자의 배향이 바뀌어 빛을 투과할 수 있게 된다. 이것을 포컬 코닉

● **콜레스테릭 액정형**

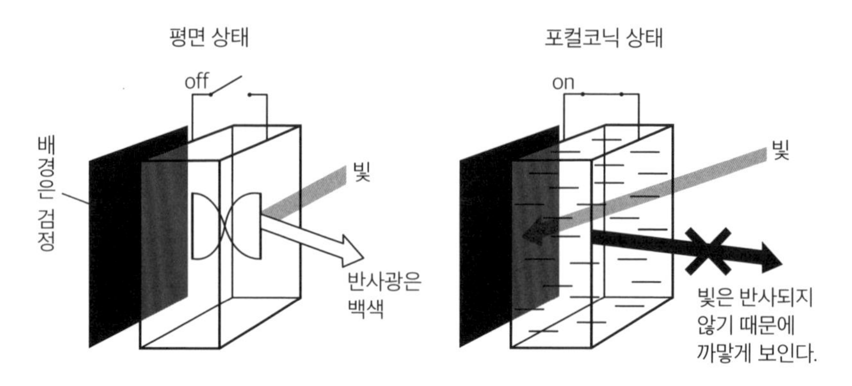

상태focal conic state라고 한다. 즉, 검은색 기판이 보이게 되고, 글자가 화면에 표시된다.

이 상태는 전기장electric field를 제거해도 잠시 동안 유지된다. 그러나 곧 원래의 평면 상태로 돌아가게 되어 글자는 화면에서 사라지고 화면은 하얗게 변한다.

b. 고분자 분산 액정형

고분자에 액정 분자를 분산시킨 고분자 분산형 액정을 사용하는 전자종이도 있다. 전기가 통하지 않는 상태에서는, 고분자에 분산된 액정 분자는 액정 패널에서 다양한 배향을 가지기 때문에 빛은 투과하지 못하고 차단되어 화면이 하얗게 보인다. 하지만 화면의 특정 위치에 전압을 걸면 그 부위에 있는 액정 패널의 액정 분자 배향이 일정한 방향으로 바뀌고, 빛이 투과해 그 부분이 까맣게 되어 글자가 보이게 된다. 이 방법을 활용하면 아주 얇고 유연성이 좋은 전자종이의 개발이 가능하다.

● **고분자 분산 액정**

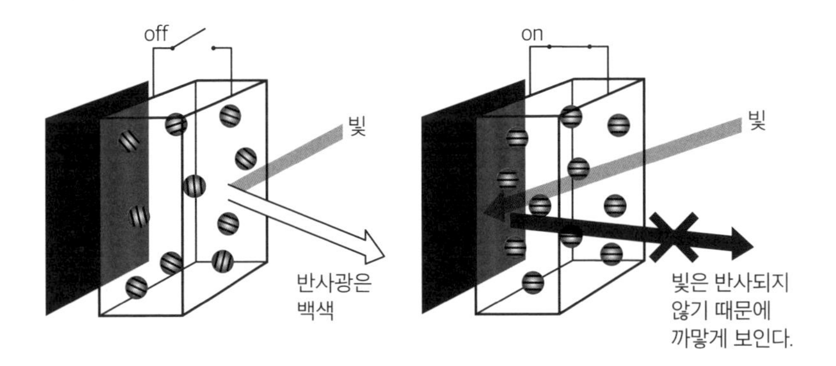

● **마이크로 캡슐형**

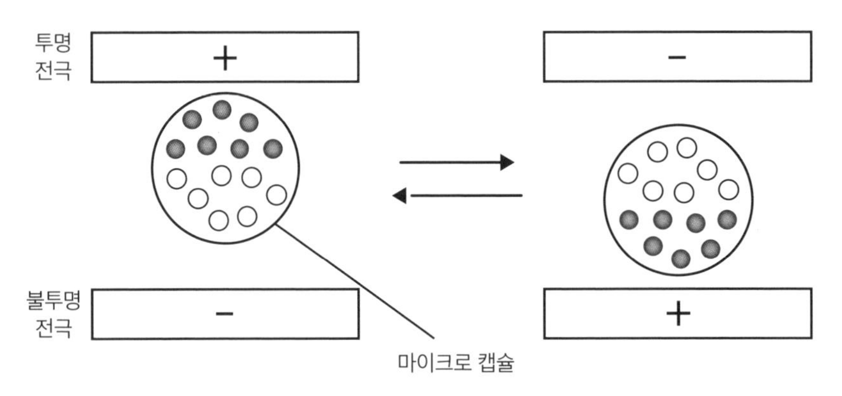

마이크로 캡슐형

마이크로 캡슐형은 흰색과 까만색의 아주 작은 입자미립자들을 마이크로 캡슐로 이동시켜 글자를 표시하는 방법이다.

마이크로 캡슐 내부에 투명한 액체를 주입한 후 검은색(-) 전하과 흰색(+) 전하의 미립자를 넣어서 상단부의 투명 전극과 하단부의 반투명 전극 사이에 끼운다. 그다음 전기를 흘려서 투명 전극이 (+)를 띠게 되

● **토너 형**

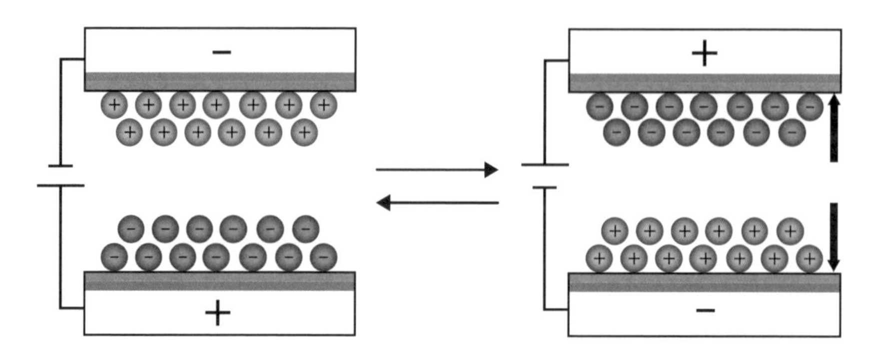

면 마이크로 캡슐 속 검은색 입자가 화면 표면에 떠서 화면이 까맣게 보이고, (-)를 띠게 되면 흰색 입자가 떠서 화면이 하얗게 보인다.

이 방법은 시야각이 넓고 콘트라스트비명암비 효과가 좋으며 소비전력이 적은 장점을 가진다.

토너(toner)형

검은색과 흰색의 미세한 가루를 공기 중에서 이동시켜 글자를 표시한다. 아주 작은 셀 안에 (-) 전하를 띤 검은색 미세 분말토너과 (+) 전하를 띤 흰색 미세 분말을 주입한다. 그다음은 마이크로 캡슐형과 같다.

투명 전극 쪽이 (+)를 띠면 검은색 미세 분말이 투명 전극에 흡착되어 화면이 까맣게 변하고 (-)전하를 띠면 흰색 미세 분말이 투명 전극에 흡착되어 화면이 하얗게 변한다. 이 방법은 미세분말이 액체가 아닌 공기 내에서 움직이기 때문에 화면 표시 및 응답 특성이 빠르다는 장점을 가진다.

한때 화제를 모았던, 입체 영상을 즐길 수 있는 3D TV는 지금은 시장에서 사라졌지만 3D 입체 영화는 지금도 극장에서 볼 수 있다. 영상을 입체적으로 표시한다는 게 어떤 것인지 살펴보자.

입체 화상을 보는 원리

사람들은 두 개의 눈으로 물체를 본다. 그런데 왼쪽 눈으로 본 물체와 오른쪽 눈으로 본 물체를 각각 비교해보면 형체가 아주 미묘하게 차이가 난다. 따라서 사람은 그 차이를 이용해서 사물 각각의 부분까지 거리를 파악할 수 있다. 즉, 양쪽 눈 사이의 간격이 넓으면 넓을수록 물체까지의 거리를 정확하게 측정할 수 있다.

레이더가 없던 시절에, 전함은 상대 전함과의 거리를 측거의(range finder)라는 장치를 사용해 측정했다. 이는 거대한 쌍안경과 같은 장치다. 태평양 전쟁 때 사용했던 야마토 전함의 측거의는 양쪽 렌즈의 간격이 15m 정도였다. 이를 통해 표적까지의 거리를 측정해 포탄이 떨어지는 위치를 결정했다.

입체 영화의 원리도 이와 같다. 양쪽 눈에 각각 다른 영상을 보여주면 된다. 사람이 그걸

● 입사각의 원리

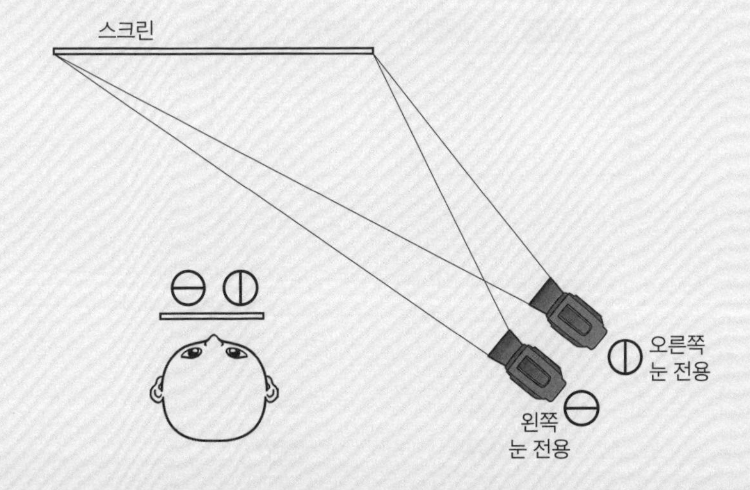

보면 양쪽 눈에 각각 보이는 영화 화면을 머릿속에서 조합하게 되고 그 차이로부터 자신과 영상 각 부분의 거리를 측정해 입체로 인식하게 된다.

안경을 사용하는 방법

입체 영화를 만드는 가장 간단한 방법은 오른쪽 눈에 보이는 영상을 빨갛게 만들고 왼쪽 눈에 보이는 영상을 파랗게 만드는 것이다. 보는 사람은 오른쪽 눈에 파란색, 왼쪽 눈에 빨간색 렌즈가 들어간 안경을 착용한다. 그러면 오른쪽 눈에서는 파란색 영상이 사라져 빨간색 영상만 보이고 왼쪽 눈에서는 빨간색 영상이 사라져 파란색 영상만 보이므로 입체적인 영상을 볼 수 있게 된다.

하지만 이것만으로 3D 컬러 영상을 즐기기는 어렵다. 그래서 컬러 영상을 입체로 즐기기 위해 편광을 사용한다. 오른쪽 눈에 보이는 영상을 수직 방향의 진동면을 갖는 편광으로

● 입체 안경의 원리

● **입체 안경**

투과시키고, 오른쪽 눈에 보이는 영상을 수평 방향의 진동면을 갖는 편광으로 투과시킨다. 이때 사람은 오른쪽 눈에 수평 방향의 편광렌즈, 왼쪽 눈에 수직 방향의 편광렌즈가 들어간 안경을 쓰고 영상을 본다. 그러면 오른쪽 눈에는 오른쪽 눈으로만 볼 수 있는 영상, 왼쪽 눈에는 왼쪽 눈으로만 볼 수 있는 영상이 각각 전달되어 결과적으로 입체 영상으로 표현된다.

TV의 경우, 이와는 다른 방법을 사용한다. TV가 가지고 있는 특징 중 하나인 잔상을 활용한 방법인데, 오른쪽 눈에만 보이는 영상과 왼쪽 눈에만 보이는 영상을 순간적으로 동시에 번갈아 전환해 보여주는 것이다. 그리고 액정 렌즈 안경을 이용해 오른쪽 눈에만 보이는 영상이 나올 때는 왼쪽 눈을 가리고 왼쪽 눈에만 보이는 영상이 나올 때는 오른쪽 눈을 가린다.

하지만 이 방법은 TV 영상 전환과 안경의 액정 전환이 완벽하게 일치하도록 조정이 가능해야 하며, 따라서 안경 가격이 높아지는 단점이 있다.

안경을 사용하지 않는 방법

하지만 TV를 시청할 때 안경을 쓰는 건 아무래도 불편한 일이다. 그래서 안경을 쓰지 않고 입체 영상을 시청하는 방법이 개발되었다.

● 듀얼뷰 TV의 원리

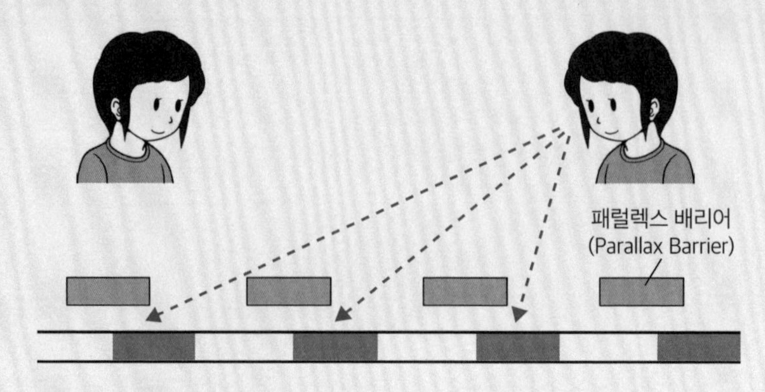

이 방법은 오른쪽 눈에만 보이는 영상과 왼쪽 눈에만 보이는 영상을 동시에 화면에서 표시하고, 패럴렉스 베리어(parallax barrier)라는 필터를 통해 백라이트에서 나오는 빛의 진행 방향을 제어해 오른쪽 눈에는 오른쪽 눈에만 보이는 영상을, 왼쪽 눈에는 왼쪽 눈에만 보이는 영상을 표시하는 것이다. 하지만 이러한 방법은 사람의 눈을 쉽게 피로하게 만들기 때문에, 좀 더 편안한 3D 영상을 TV로 시청하기 위해서는 앞으로 3D 디스플레이 기술 개발이 더 필요하다고 생각한다.

듀얼뷰 TV

앞에서 소개한 내용을 활용하면 모니터 하나로 완전히 다른 두 개의 영상을 볼 수 있다. 이 기술을 자동차에 적용하면 운전자는 내비게이션을 보며 조수석에 앉아 있는 동승자는 같은 모니터로 TV 프로그램을 볼 수 있다. 이러한 TV를 '듀얼뷰(Dual View) TV'라고 한다.

제7장

디스플레이 관련 부품 종류와 기능

현재 판매되고 있는 가정용 TV나 PC 모니터 등은 OLED나 LCD 디스플레이 패널뿐만 아니라 다양한 부품을 같이 조합해 완성한 제품들이다. 어떤 부품은 OLED, LCD에 공통으로 사용되기도 하고, 특정한 디스플레이 제품에만 적용되는 것도 있다. 여기서는 이러한 디스플레이 제품을 만드는 데 꼭 필요한 부품을 간단히 정리해보았다.

7-1

모든 디스플레이에 필요한 공통 부품

우선 많은 디스플레이 제품에 공통으로 사용되는 부품에 어떤 것들이 있는지, 그리고 그 부품들은 어떻게 만들어지는지 알아보자.

디스플레이는 많은 부품의 조합으로 구성된다. 이 많은 부품 중에서 특정 디스플레이에 사용되는 부품이 아닌 다양한 디스플레이에서 공통으로 사용하는 부품의 종류와 기능에 대해서 알아보자.

투명 전극

투명 전극은 말 그대로 유리와 같이 무색 투명한 전극을 말한다. 대부분의 디스플레이에서는 디스플레이 전면을 투명 전극으로 감싸고 있다. 따라서 디스플레이를 보는 사람은 이 투명 전극을 통과한 화면을 보게 되는 것이다. 따라서, 투명 전극은 완전히 투명한 상태여야 하며 완전한 무색이어야 한다.

무색인 물체로는 유리가 있으며 전도체로는 금속이 있다. 투명 전극은 이러한 유리와 금속의 조합으로 구성된다.

● **액정 소자 구조**

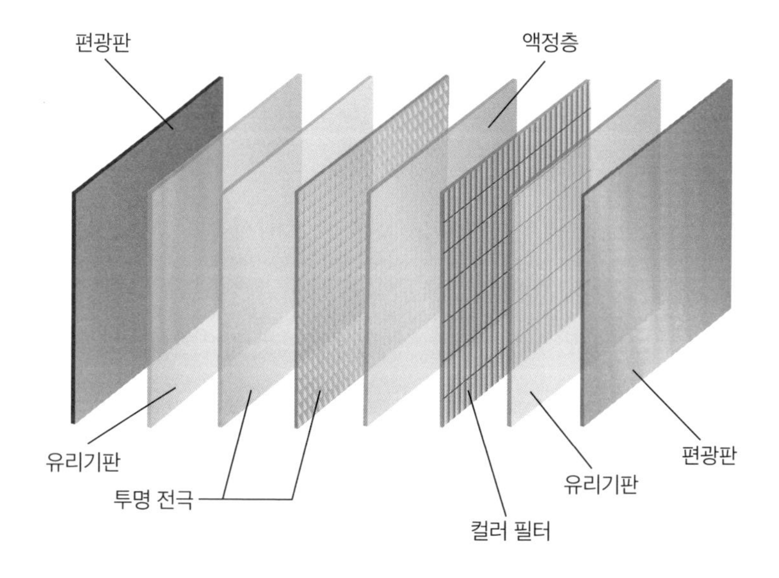

보통 금속이라고 하면 불투명한 물질을 떠올리지만 꼭 그렇지도 않다. 금속도 얇게 만들면 투명해지는 경우가 있다. 금을 박막 형태로 만든 것을 금박이라고 하는데 투명하다. 유리창 표면에 금박을 올리면 바깥을 볼 수는 있지만 무색은 아니다. 약간의 청록색과 같은 색을 띤다. 따라서 유리에 금박을 붙이거나 금을 도금해서 전극을 만들 수는 없다.

현재 사용되는 투명 전극은 유리에 산화인듐 In_2O_3 과 산화주석 SnO_2 을 주로 진공 증착 방식 중의 하나인 스퍼터링Sputtering 방법으로 만든다. 주석Sn은 영어로 tin이라고 하는데, 이 전극을 ITO Indium Tin Oxide 전극이라고 한다. 단, 인듐In은 희소 금속이기 때문에 값이 비싸서, 아연Zn 등 쉽게 구할 수 있는 다른 금속으로 대체 가능한지 여부에 대한 연구가 활발하게 진행되고 있다.

컬러 필터

LCD 디스플레이에서는 백라이트유닛에서 나오는 백색광에서 다양한 색상을 구현하기 위해, 그리고 플라스마PDP 디스플레이에서는 불필요한 색상의 빛을 제거하기 위해 컬러 필터를 반드시 사용한다. 컬러 필터는 일반적으로 유리에 안료pigment를 도포해서 만든다. 컬러 필터의 무게를 가볍게 하기 위해서는 플라스틱 필름을 사용하는 편이 좋겠지만 제조 공정에 가열 과정이 있기 때문에 보통 내열성을 가지고 있는 유리를 사용한다. 안료는 무기물이며 불투명하지만 이를 아주 미세한 분말로 만들면 투명해진다. 이 분말을 광경화성 수지photocurable resin에 녹여 도포한 다음 자외선을 조사하여 수지를 경화시킴으로써 수지를 고착시키게 된다.

최근에는 무기 안료가 아닌 유기 안료를 사용하는 기술이 개발되었다. 유기 안료는 보통 투명하기 때문에 미세한 분말로 만드는 공정이 필요가 없어지므로 생산성이나 단가 측면에서 유리할 수 있다. 앞으로는 유기 안료를 컬러 필터 재료로 사용하는 움직임이 더 활발해질지도 모르겠다.

반도체

반도체는 LED에서 발광 소자로 사용될 뿐만 아니라 모든 디스플레이를 구동할 때 반드시 필요한 부품이다.

물질에는 전류가 흐를 수 있는 전도체와 흐르지 않는 절연체가 있는데 그 중간을 반도체라고 한다. 반도체에는 다양한 종류가 있으며 가장 잘 알려진 것은 실리콘규소, Si 또는 게르마늄Ge처럼 주기율표의 원소가 반도체 상태를 갖는 원소 반도체elemental semiconductor로, 진성 반도체intrinsic semiconductor라고 부른다.

그리고 LED를 다룬 부분에서 본 바와 같이, 반도체에 소량의 불순물을 가해서 반도체 특성을 개선한 것을 n형, p형 반도체라고 한다. 그 외에도 여러 종류의 원소를 화합물처럼 정수整数의 몰mole비로 혼합한 화합물 반도체compound semiconductor 등이 있다.

전류의 실체는 무엇일까? 전류는 눈에 보이지 않으며 추출할 수도 없기 때문에 실체를 파악하기가 쉽지 않다. 많은 연구 결과, 전류의 실체는 전자의 흐름이라는 게 밝혀졌다. 강이 물의 흐름인 것처럼 전류는 전자의 흐름이다. 전자가 A 지점부터 B 지점까지 이동하면 전류는 B에서 A로 흐른 것으로 정의한다.

물질의 전도도는 온도에 따라 달라진다. 일반적으로 전도체인 금속의 전도도는 온도가 낮아질수록 높아지며, 반면에 반도체의 전도도는 저온일수록 낮아진다.

금속의 전도도는 절대 영도(0K, −273.15℃)에 가까워지면 갑자기 무한대가 된다. 이 상태를 초전도도 상태라고 한다. 즉, 전기 저항이 사라지고 금속코일에 전류를 많이 흘려도 발열하지 않는다. 따라서 이러한 초전도도 상태를 이용하면 매우 강력한 전자석을 만들 수 있으며, 이러한 자석을 초전도 자석이라고도 한다.

초전도 자석은 인체 내부의 단층사진을 촬영하는 MRI(Magnetic Resonance Imaging) 또는 일본의 JR철도회사가 개발 중인 자기부상 신칸센 열차에서 열차 차체를 띄우는 데 사용되고 있다.

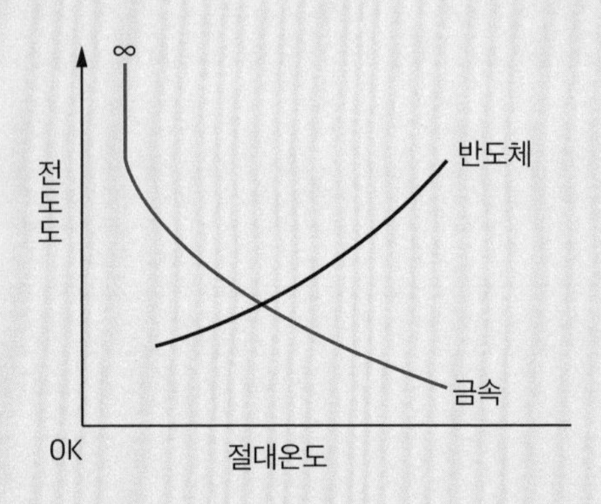

7-2

OLED 디스플레이 관련 부품

OLED 디스플레이의 경우 유기 발광 분자 자체가 스스로 빛의 삼원색을 발광하기 때문에 OLED 디스플레이만의 부품이라고 할 만한 것은 별로 없다.

인광 발광 재료

유기 발광 분자를 부품으로 분류해도 될지에 대한 고민은 일단 접어 두자. OLED 디스플레이만의 부품은 OLED 소자에서 전극 사이에 들어가는 전하 수송층과 발광층을 형성하는 유기 분자라고 말할 수 있다. 최근에 발광층에 적용되고 있는 유기 분자는 인광 발광 분자적색, 녹색과 형광 발광 분자청색이다. 일반적인 유기 분자는 보통 일중항singlet state를 이용한 형광 발광을 하며, 삼중항triplet state을 이용한 인광 발광은 어렵다. 유기 분자가 인광 발광을 하기 위해서는 분자 내에 전이금속transition metal이 들어 있는 유기 금속 화합물organometallic compond의 형태로서 가능하다.

앞에서 소개한 인광 발광 분자들은 모두 전이금속이 포함된 유기 금속 화합물인데, 이리듐Ir, 플라티늄Pt, 루테늄Lu 등이 있다. 그중 이리

● 인광

출처: Wikipedia

듐은 전이금속이며 루테늄은 희토류에 속한다. 모두 희소성이 높고 고가의 금속들이다. 따라서 앞으로 저렴하고 간편하게 제조가 가능한 범용 금속으로 대체되는 연구가 활발하게 이루어질 것으로 예상된다.

OLED 소자(셀)

OLED 디스플레이의 발광 소자는 간단하게 설명하면 기판 위에 양극 전극anode을 올리고 그 위에 전하 수송층과 발광층을 올린 다음, 음극 전극cathode을 올리는 구성이다. 여기에서 유기층에 전극을 올리는 구성 방법으로는 바텀 콘택트bottom contact 타입과 톱 컨택트top contact 타입이 존재한다.

a. 바텀 콘택트 타입

바텀 콘택트 타입은 유리기판 위에 ITO 전극양극을 올린다. 그리고 양극 위에 정공 수송층, 발광층, 전자 수송층을 순서대로 올린다. 마지막

● 바텀 콘택트

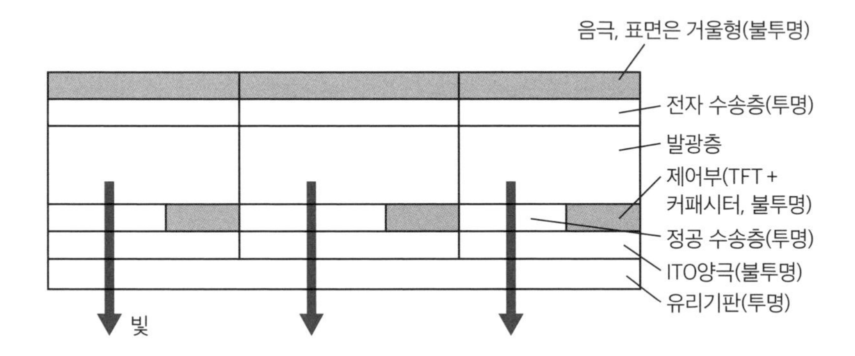

● 톱 콘택트

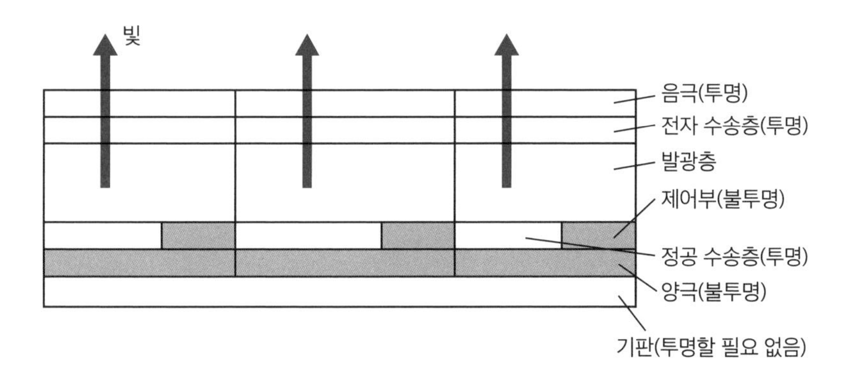

으로 불투명한 금속 음극을 올린다. 바텀 콘택트 타입의 OLED 소자에서 빛은 유리기판을 통해서 발광하게 된다.

b. 톱 콘택트 타입

톱 콘택트 타입은 바텀 콘택트와 반대이다. 유리기판 위에 금속으로 이루어진 양극을 올린 다음 정공 수송층, 발광층, 전자 수송층을 순서대로 올리고 마지막으로 투명 전극의 음극을 올린다.

큰 차이가 없는 것 같지만 앞에서 설명한 액티브 매트릭스 구동 방식에서는 차이가 있다. 액티브 매트릭스 구동 방식에서는 OLED 소자를 구동하기 위한 전기 회로가 필요한데 이것은 유리기판 위에 설치된다. 따라서 바텀 콘택트 형의 경우 OLED 소자에서 발광하는 빛이 소자 밖으로 나올 때 유리기판 위에 설치된 전기 회로에 의해 방해를 받게 된다. 즉 개구부빛이 나오는 부분가 작아지게 된다.

그에 비해 톱 콘택트 타입의 OLED 소자는 발광하는 빛이 유리기판 위에 설치된 전기회로에 방해받지 않고 투명 전극의 음극으로 나오게 된다. 그렇기 때문에 액티브 매트릭스 방식에서는 톱 콘택트 쪽이 발광 효율 측면에서 더 유리하다.

OLED 타입 전자종이

전자종이는 TV, 컴퓨터, 스마트폰 등 차세대 표시 매체로서 주목받고 있다. 전자종이에 요구되는 기능은 다음과 같다.

① 종이처럼 얇아야 한다.
② 종이처럼 가벼워야 한다.
③ 종이처럼 접을 수 있어야 한다.
④ 종이처럼 세밀하고 선명하게 표시할 수 있어야 한다.
⑤ 종이처럼 쓰거나 지울 수 있어야 한다.
⑥ 소비전력이 낮아야 한다.

너무 어려운 요구사항을 나열한 것 같아 보이지만, 우리가 일상에서 사용하는 종이는 사실 이러한 기능을 모두 충족한다. 하지만 이러한 성능만 만족하는 데 그친다면 굳이 전자종이를 사용할 것 없이, 그냥 종이를 사용하면 될 것이다. 전자종이가 일반 종이와 차별성을 갖기 위해서는 종이가 가지지 않은 다른 특별한 성능이 필요하다. 그 성능은 다음과 같이 정리할 수 있다.

⑦ 컬러로 화면 표시가 가능하다.

⑧ 동영상 구현이 가능하다.

⑨ 전달정보를 수신해서 화면에 표시하는 것이 가능하다.

⑦번은 제쳐두더라도 ⑧번과 ⑨번의 경우는 종이에서 구현하기가 불가능하다. 이와 같은 성능을 갖출 수 있다면 수십, 수백 장의 종이가 필요한 경우에도 전자종이 딱 한 장으로 해결될 수 있다.

하지만 이러한 성능의 대부분은 OLED 디스플레이로 이미 실현이 되었다. 앞으로 OLED 디스플레이가 전자종이의 발전에 어떠한 역할을 할지 주목된다.

7-3 LCD 디스플레이 관련 부품

LCD 디스플레이는 액정 분자와 편광을 사용하기 때문에 컬러 필터 이외에도 다른 특수한 부품들이 필요하다. 이에 대해 알아보자.

액정 분자의 종류

액정에는 다양한 종류가 존재하는데, 주로 사용되는 액정 분자들은 다음과 같다.

네마틱nematic **액정** 일반적으로 사용되는 액정이며 위치 규칙성은 없고 배향 규칙성만 있다. LCD 디스플레이에 사용된다.

스멕틱smectic **액정** 배향 규칙성과 위치 규칙성이 함께 있는 액정이다.

콜레스테릭cholesteric **액정** 액정 분자가 나선 형태로 늘어서 있는 액정이다. 처음 발견된 액정이 바로 콜레스테릭 액정이었다.

디스코틱discotic **액정** 일반적인 액정은 긴 막대 모양의 형태를 가진 액정 분자인 데 반해 이 액정은 벤젠 고리와 같은 둥근 링 형태이다. 액정 분자를 쌓는 방법에 따라 다양한 형태가 존재한다.

● 액정 분자의 종류

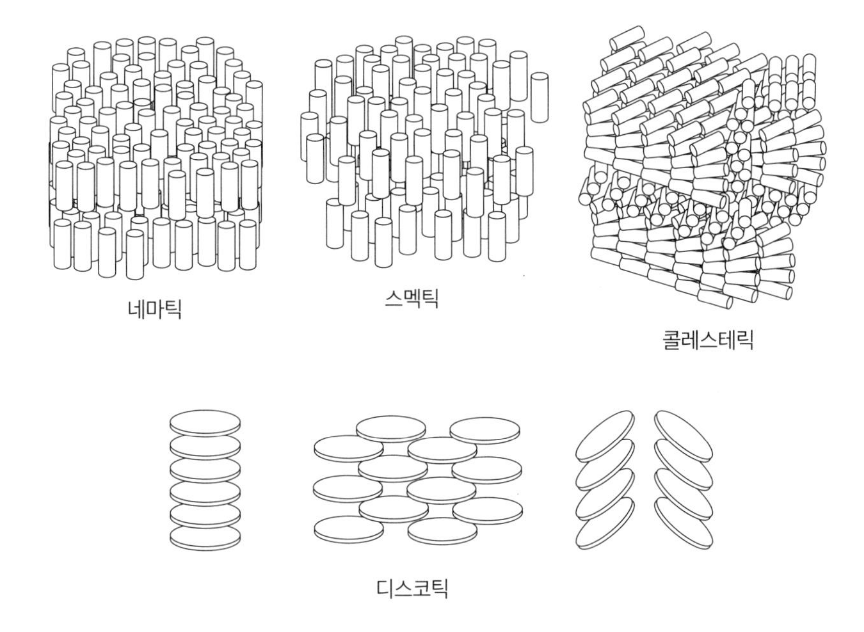

고분자 분산형(polymer dispersed) 액정

말 그대로 고분자 매트릭스에 액정 분자를 분산시킨 형태의 액정을 말한다. 쉽게 이야기하면 투명한 그물 모양의 고분자에 작은 거품 모양의 공간이 생기면 그 안에 액정 분자를 넣는 형태이다. 이러한 거품 모양의 공간을 일반적으로 마이크로 캡슐이라고 부른다.

마이크로 캡슐 안에 들어 있는 액정 분자는 모두 같은 배향을 가진다. 하지만 각각의 마이크로 캡슐마다 액정 분자의 배향은 달라진다. 각각의 마이크로 캡슐의 다른 배향 때문에 빛은 강하게 산란되고 투과하지 못한다. 따라서 화면은 검은색으로 보인다. 얼음은 투명하지만 얼음으로 만든 빙수는 불투명한 것과 같은 원리라고 생각하면 된다.

● **마이크로 캡슐**

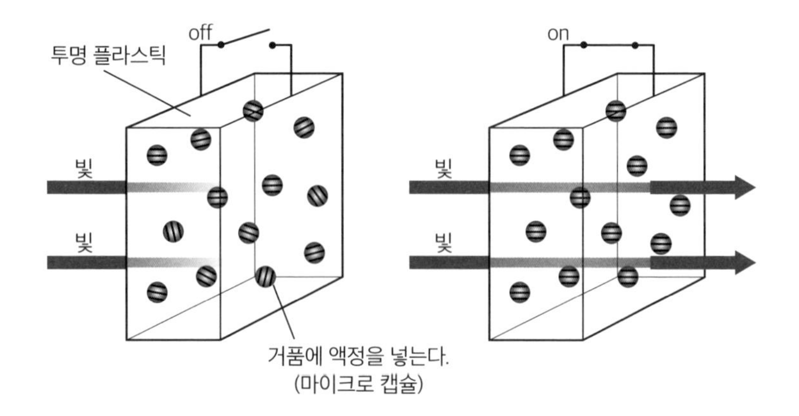

하지만 이 액정 패널에 전기가 통하면 각각의 마이크로 캡슐 안에 있는 액정 분자의 배향은 모두 같아지며 이때 빛이 투과되어서 화면이 하얀색으로 보이게 된다. 고분자 분산형 액정은 편광을 사용할 필요가 없기 때문에, 편광을 사용함으로써 발생되는 LCD TV의 단점을 해결할 수 있고 전자종이와 같은 다양한 디스플레이 제품에도 응용이 가능하다.

발광 패널

디스플레이 제품에서 빛을 배출하는 패널, 말 그대로 발광하는 패널이다. 이상적으로는 면발광을 하는 발광체가 제일 좋지만 현재는 작은 형광램프를 여러 개 설치한다든지 LED 램프를 사용하여 면발광에 가까운 효과를 낸다. 하지만 OLED를 사용하면 완전한 면발광으로 사용이 가능하기 때문에 앞으로는 발광 패널이 OLED로 대체될지도 모르겠다.

● **편광 필름**

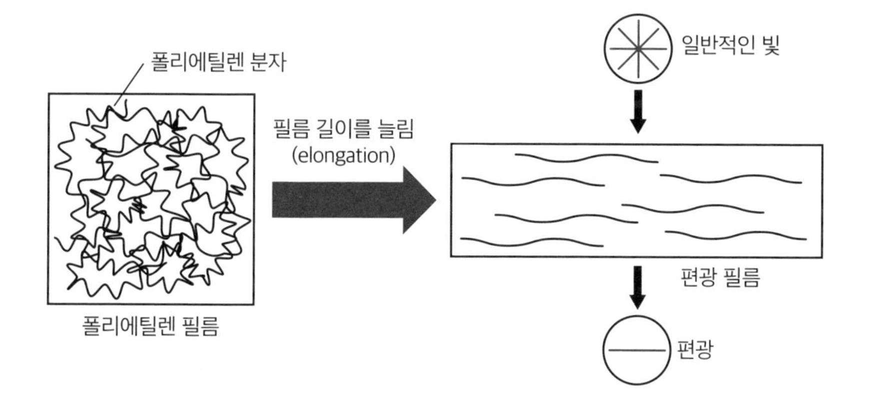

편광 필름

발광 패널에서 나온 빛을 편광으로 변환하는 역할을 하는 필름이다. 간단하게 말하면 폴리에틸렌과 같이 긴 체인 모양의 고분자로 된 필름을 한 방향으로 길게 늘리면elongation 분자들은 한 방향으로 정렬된다. 발광 패널에서 나온 빛이 이 편광 필름을 투과하게 되면 편광 필름의 분자들이 정렬된 방향과 일치하는 편광빛만이 필름을 투과하며, 투과된 편광은 액정 패널로 연결된다.

그러나 실제로는 폴리비닐알코올PVA와 같은 고분자에 요오드 화합물을 섞어서 편광 필름을 만든다. PVA 필름 내부에 들어간 요오드 화합물 분자가 PVA와 착체를 형성해 길이가 길어진 고분자가 만들어지게 되고 편광 특성을 나타낸다.

요오드 화합물 이외에 염료 계열의 유기 화합물을 사용하는 경우도 있다. 편광 특성은 떨어지지만 내구성은 뛰어나기 때문에 차량용 LCD 디스플레이에 사용된다.

7-4

플라스마 디스플레이 관련 부품

플라스마 디스플레이에만 필요한 부품은 바로 플라스마 그 자체라고 할 수 있다. 여기서는 이 플라스마의 미래와 활용 범위에 대해서 알아보자.

플라스마는 매우 넓은 과학 기술, 산업의 영역에서 사용되는 물질이며 플라스마 디스플레이에 대한 응용은 플라스마가 가진 특성 중 아주 일부분에 지나지 않는다. 플라스마 디스플레이의 미래와는 무관하게, 플라스마는 첨단 과학과 일상생활 두 가지 면에서 우리와 밀접한 관계를 맺고 있다고 말할 수 있다.

플라스마의 활용 중에서는 아마도 핵융합이 가장 중요할 것이다. 인류가 사용하는 에너지는 방대하다. 그런데 그동안 사용해온 화석 연료는 점점 고갈되고 있고, 우라늄U을 이용한 핵분열은 핵폐기물 문제로 이슈가 되고 있다. 이런 상황에서 활용 가능한 에너지원으로는 수소를 이용한 핵융합 반응이 있다.

핵융합 반응에는 수소의 플라스마를 이용한다. 고온의 플라스마를 일정 시간 고농도로 유지하기 위해서는 해결해야 할 문제가 많으며,

● **토카막형 핵융합로**

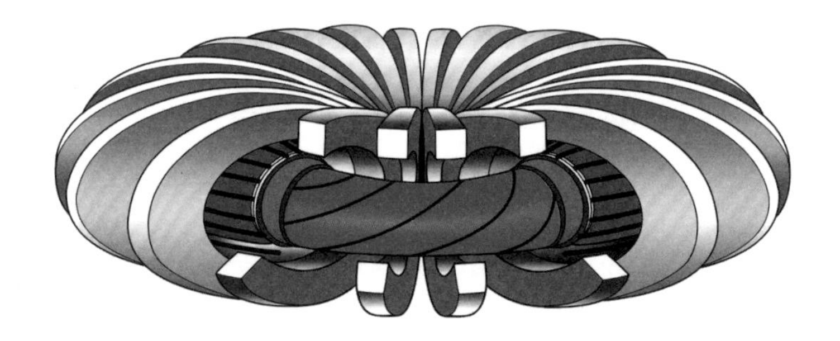

따라서 현실에서 핵융합 반응의 실용화는 아직도 먼 미래의 이야기라고 말할 수도 있지만, 머지않아 반드시 이러한 문제들을 해결해나가야 한다고 생각한다.

이외에도 플라스마는 다양한 분야에서 사용되고 있다. 앞서 소개한 진공 증착의 경우 스퍼터링sputtering 방법은 플라스마로 금속 표면을 원자화시킨다. 그리고 레이저 광원으로서도 중요하며 반도체에서 사용하는 LSIlarge scale integration 기판에서 주목받고 있는 박막 형태의 인조다이아몬드도 플라스마의 응용 사례이다.

7-5 기타 디스플레이 관련 부품

마지막으로 디스플레이가 앞으로 발전하는 데 빠질 수 없다고 생각하는 새로운 소재에 대해서도 간단히 소개하고자 한다.

디스플레이와 관련된 부품은 거의 다 소개해서 새로운 부품이라고 하기에는 좀 애매하지만, 전계 방출 디스플레이FED를 설명할 때 소개한 탄소 나노튜브와 C_{60} 풀러린에 대해 간단히 이야기해보겠다.

풀러린

한 가지 유일한 원자로만 이루어진 분자를 일반적으로 단체simple substance라고 한다. 수소 분자H_2, 산소 분자O_2 등이 대표적인 사례로, 산소 분자만으로 이루어진 단체는 O_2 외에 오존 분자O_3도 있다. 이처럼 동일한 원자로 이루어진 단체 중에서 구성하는 원자의 개수나 결합 상태가 다를 때 서로 동소체allotropy라고 한다.

산소는 O_2와 O_3와 같은 두 종류의 동소체만 알려져 있지만 탄소에는 수많은 동소체가 존재한다. 널리 알려진 예로는 다이아몬드, 그래

● **탄소의 동위체**

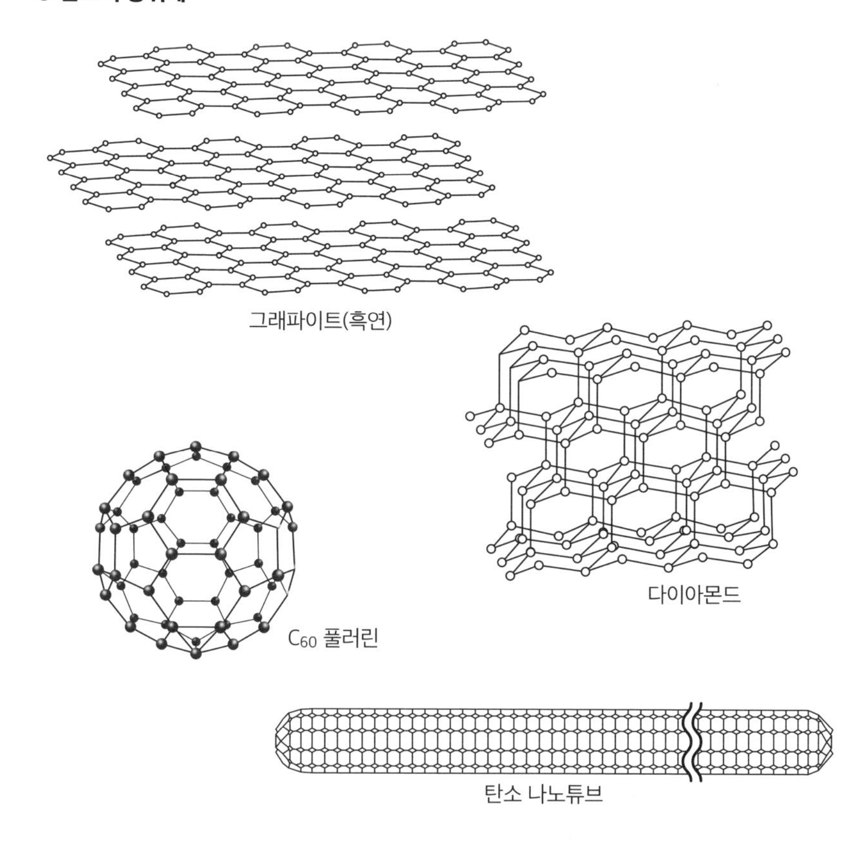

파이트흑연, graphite가 있다. 또 다른 탄소의 동소체로서 20세기 말에 발견된 풀러린과 탄소 나노튜브가 있다.

풀러린C_{60}은 그림과 같이 축구공 모양의 분자 형태를 가지며 60개의 탄소 원자만으로 구성된 분자이다. 이러한 형태의 분자에는 탄소 수가 74개인 럭비 형태의 분자 등 다양한 종류가 있다.

풀러린은 우수한 전기적 특성이 있으며 활성산소를 불활성화시키거나 윤활성luburicating properties을 가지고 있어서, 최근 여러 산업 분야에서 활용되고 있다.

탄소 나노튜브

탄소 나노튜브carbon nanotube는 그림과 같이 긴 원통 모양이며, 탄소 6개로 구성된 육각형이 연속된 평면이 둥글게 말린 튜브 형태이다. 대부분의 경우 튜브의 양 끝은 막혀 있다. 큰 탄소 나노튜브 내부에 작은 탄소 나노튜브가 들어 있는 구조도 존재하며 이러한 구조가 몇 번이나 반복된 형태도 있다.

우수한 전기적 특성을 가지며 탄소 나노튜브 내부에 다른 분자를 넣을 수도 있어서 의약적인 측면에서 DDSDrug Delivery System, 약제 배송 시스템로 사용할 수 있는 연구도 진행되고 있다.

제8장

디스플레이 관련 부품 시장 및 공급

현대 사회에서 디스플레이 제품의 필요성은 점점 증가하고 있으며, 이에 따른 디스플레이 패널 및 관련 부품의 시장은 점점 확대되고 있다. 이 책의 마지막 장에서는 디스플레이 패널 및 관련 부품의 시장 흐름과 미래를 이야기해보자.

8-1

디스플레이의 성능 표현

세상에는 다양한 종류의 디스플레이가 있으며 많은 제품이 출시되고 있다. 그렇다면 현재 시장에 출시된 디스플레이 제품의 성능은 어떻게 평가하면 좋을까? 여기서는 그 성능 평가를 위한 하나의 지침을 소개하고자 한다.

현대 사회는 모든 분야에서 디스플레이가 활용되고 있다. 가정에서는 슬림형 TV들이 자리를 차지하고 있고, 우리 손에서 한시도 떨어질 수 없는 스마트폰이나 태블릿 PC, 스마트워치 등에도 반드시 디스플레이가 필요하다.

디스플레이의 종류

소비자들은 다양하고 뛰어난 성능의 디스플레이를 원한다. 현재 디스플레이는 사람들이 눈치채지도 못할 1cm 정도의 아주 작은 것부터 각종 경기장에서 볼 수 있는 대형 전광판 디스플레이까지 크기도 종류도 다양하다. 각각의 디스플레이는 뛰어난 해상도와 색상 구현 능력이 요구된다.

LCD 또는 PDP 디스플레이, 스마트폰에 적용되고 있는 OLED 디스플레이를 비롯하여 LED 디스플레이, 전계 방출 디스플레이FED까지, 앞에서 설명했으니 이들의 원리와 차이점에 대해서는 독자들이 이미 이해했으리라 생각한다.

디스플레이의 선택 기준

디스플레이의 종류는 다양하지만 소비자에게 선택되는 것은 그중 단 하나이다. 소비자는 냉정하다. 당연한 이야기일지 모른다. 지금 가정에서 사용 중인 디스플레이, 그러니까 40인치 이상의 대형 슬림형 TV는 가격이 100만 원이 넘으며, 일반 가정에서는 이러한 TV를 사는 건 큰 지출이라고 할 수 있기 때문이다. 하지만 TV는 한번 사면 보통 10년은 사용하는 것으로 알려져 있다.

TV를 구매하려고 할 때 가전제품 판매점에 가면 각종 대형 TV가 매장에 즐비하다. 그럼 어떤 TV를 구매하면 좋을까? 정답을 바로 말하기엔 어렵지만, 앞에서 이야기한 바와 같이 각각의 디스플레이들은 나름의 장점과 단점이 있다.

매장에서의 TV 가격이나 할인율이 중요한 선택 기준이 되겠지만, 그 외에도 기술, 성능, 내구성 측면에서 여러 가지를 살펴봐야 한다. 예시를 나타낸 것이 뒤 페이지의 표와 같다. 이 표를 기준으로 1~5까지의 점수를 매겨보면 의외로 선택은 쉬울 수도 있다.

가정에서 보는 슬림형 대형 TV로는 한때 LCD와 PDP 타입이 있었다. LCD와 PDP TV는 성능 면에서 우열을 따지기가 어려워서 소비자는 어느 쪽을 구매해야 할지 큰 고민에 빠지곤 했다. 이후 PDP TV는 시장에서 모습을 감췄고, LCD TV의 시대가 열렸지만 최근 몇 년

● 디스플레이 성능 표현 항목

휘도 (luminance)	• 단위 면적당 밝기. Cd/m^2, 또는 nit를 단위로 씀. • 휘도가 높을수록 디스플레이 화면이 밝고, 특히 어두운 곳에서 보기 편하다. • TV 화면의 휘도에는 전체화면 휘도와 피크 휘도, 두 종류가 있다.
계조 (gradation)	• 색의 농도 차이 단계, 즉 가장 밝은 부분부터 어두운 부분까지의 명암 단계. • RGB 각각의 색은 계조를 가지며 32bit 신호와 8계조를 갖는다. • 스마트폰의 경우, RGB 모두 6bit, 64계조가 일반적이다.
컬러 수	• RGB 각각의 색의 계조와 그 조합에 따라 만들 수 있는 가능한 색상의 수. • RGB가 8계조라면 색상 수는 512(8×8×8). 현재 TV용 패널은 1677만 컬러. • HD-TV의 경우, 약 10억 개에 달하는 컬러 수가 표준이다.
컨트라스트	흑과 백의 밝기 비율. 디스플레이에 따라 정의가 다르지만 LCD의 경우, 전체 화면의 검은색과 백색의 비율을 측정하여 결정한다. 컨트라스트가 높을수록 투명도와 색 순도가 높아져서 선명한 화면이 표시되지만 낮으면 전체적으로 옅게 화면이 표시된다.
투과율	디스플레이 패널에서 빛이 투과할 때 투과 전의 빛의 강도(휘도 또는 광량)와 투과 후의 빛의 강도의 비율을 %로 나타낸다. 동일한 백라이트유닛에서 투과율이 높으면 휘도가 높아져서 화면이 더 밝고 선명하게 표시된다.
색 재현성	• 디스플레이가 구현하는 색의 색조, 채도, 명도의 표현 능력을 의미한다. • 일반적인 CIE 색좌표를 사용하여 색 재현 범위를 나타내는 경우가 많다. • 색 재현 범위가 넓을수록 채도는 높아지고 재현되는 색상(색조)의 영역이 넓어지게 된다.
시야각	디스플레이에서 컨트라스트, 휘도, 색상 등의 화질 특성이 시청하는 각도에 따라 변하는 경우, 인식 가능한 각도 범위. LCD의 경우, 콘트라스트가 10대 1 이상의 각도 범위를 시야각이라고 정의하는 경우가 많으며 상하좌우 각도로 표기한다.
응답속도	• 동영상을 표시할 때, 휘도 특성이 입력 신호에 대해 얼마나 지연되는지(느려지는지) 여부를 나타내는 지표. 단위는 mli-sec를 사용. • 응답 시간이 길수록 동영상의 테일링(끌림) 현상이 나타나며 화면의 선명성이 떨어지게 된다.

출처: 『액정·PDP·유기EL 철저 비교』 이와이 요시히로·고시이시 겐지, 공업조사회

사이에 OLED TV 바람이 불면서 시장 점유율이 하루가 다르게 높아지고 있다. 같은 사이즈를 비교했을 때 가격 면에서는 LCD TV가 더 유리하지만 화질 면에서는 OLED TV가 더 우수하다. 여기에 더해 4K, 8K 등의 고해상도 특성까지 향상되면 TV형 디스플레이 시장의 미래는 예측하기 쉽지 않다.

● 연도별 가정용 TV 수요 추이

	슬림형 29인치 이하	슬림형 30~36인치	슬림형 37인치 이상	PDP 43인치 이하	PDP 44인치 이상
2006년	163만대	188만대	102만대	66만대	11만대
2008년	305만대	293만대	251만대	87만대	199만대

	슬림형 29인치 이하	슬림형 30~36인치	슬림형 37인치 이상	
2010년	803만대	890만대	826만대	←액정 & PDP
2012년	217만대	226만대	202만대	←액정 & PDP

	슬림형 29인치 이하	슬림형 30~36인치	슬림형 37~49인치	슬림형 50인치 이상	
2014년	154만대	177만대	146만대	72만대	← 액정

↓시장의 대변환을 맞이함

	슬림형 29인치 이하	슬림형 30~36인치	슬림형 37~49인치	슬림형 50인치 이상	그중 4k
2016년	114만대	134만대	147만대	80만대	122만대
2017년	91만대	113만대	141만대	82만대	150만대

	슬림형 29인치 이하	슬림형 30~36인치	슬림형 37~49인치	슬림형 50인치 이상	그중 4k
2018년	88만대	78만대	114만대	105만대	199만대
2019년	63만대	77만대	114만대	97만대	179만대

출처: JEITA 연별 출하 실적

8-2

디스플레이 시장에 뛰어든 기업들

디스플레이 시장이 확대됨에 따라 여러 기업이 뛰어들고 있다. 여기서는 기업들이 디스플레이 시장에 진입하게 된 배경과 현재 상황을 간단하게 알아보자.

디스플레이 시장의 진입과 철수

현대 사회에서 정보화의 흐름은 점점 확대되어가고 있다. 전철에 타면서 있거나 앉아 있는 승객 중 70% 정도는 스마트폰을 보고 있다. 중요한 정보들이 종일 넘쳐나서 그럴 수도 있지만, 요새 젊은 층은 정보를 얻는 것뿐 아니라 스마트폰으로 게임을 하는 사람도 많다.

사용처야 어찌 됐든 사람들에게 디스플레이 제품이 필요하다는 건 틀림없는 사실이다. 이는 경제적으로 생각해보면 디스플레이 제품이 그만큼 시장성이 있다는 이야기다.

2000년대 중반 LCD TV가 시장에서 인기를 끌기 시작했을 때, 한국, 중국, 일본의 전자제품 업체들이 하나둘씩 디스플레이 시장에 진입하기 시작했다. 이러한 상황을 다음 페이지에 표로 정리해보았다. 일본의 대기업 중 대부분은 디스플레이 패널 개발 및 제조 및 생산에

● 슬림형 패널 디스플레이 관련 기업

		액정		OLED	PDP	그 외	비고(회사명과 현재의 상황 등)
		액티브	패시브				
일본	샤프	■	■	■			폭스콘이 인수, OLED는 일본에서 일부 제조 중
	히타치	■	■				액정 사업은 재팬디스플레이에서 재전개
	도시바	■				■	액정 사업은 재팬디스플레이에서 재전개
	파나소닉	■			■		PDP 사업 중단, 액정 패널 또한 중단 예정
	소니	■		■			액정 사업은 재팬 디스플레이 이름으로 재전개
	파이오니아			■	■		PDP 사업 중단, 도호쿠 파이오니아에서 OLED 사업 전개 중
	엡손	■	■				액정 사업 중단
	산요전기	■					액정 사업 중단, OLED 사업 또한 중단
	카시오	■	■				액정 사업 중단
	미쓰비시전기	■					액정 사업 지속 중
	캐논					■	전계 방출 디스플레이(FED)를 개발했으나 중단
	옵트릭스		■		■		교세라가 인수
	나녹스		■				재팬디스플레이가 인수
	시티즌		■				강유전성 액정(FLCOS) 사업 지속 중
	교세라		■				액정 사업 지속 중
	후지쓰				■		PDP 사업 중단
	TDK			■			OLED 사업 중단
	알프스 전기		■				현 알프스 알파인
	NEC	■					액정 사업 지속 중
	호시덴		■				액정 사업 지속 중
	오오쿠보제작소		■				세계 최대 TV 제조업체로 성장
한국	삼성전자	■					세계 최대 TV 및 스마트폰 제조 업체로 성장
	삼성디스플레이		■	■	■		세계 최대 제조업체로 성장, OLED 분야 선두주자
	LG전자			■			세계 최대 제조업체로 성장, 현 LG 일렉트로닉스
	LG필립스	■					현 LG디스플레이
	BOE 하이디스	■		■			세계 최대 디스플레이 패널 제조업체로 성장, 현 BOE(중국)
	네오뷰 클론			■			
	SK 그룹			■			OLED재료 사업 지속 중
	KOT			■			
대만	Auo	■					대형 LCD가 호조를 보임
	CMO	■					이노럭스에 매수
	CPT(중화영관)	■		■			2018년 민사 재생 절차 밟는 중

출처: 『플랫 패널 디스플레이 최신 동향』(이와이 요시히로, 마츠오 나오, 고시이시 켄지, 2006년) 130~131p.의 표를 바탕으로 작성함.

		액정		OLED	PDP	그 외	비고(회사명과 현재의 상황 등)
		액티브	패시브				
대만	QDI	■					AUD 쪽으로 흡수 합병
	HANNSTAR	■					중소형 액정 패널 분야에서 고전 중
	TOPPOLY	■					이녹스 측에 인수당함
	이녹스	■					세계 유수의 패널 기업으로 성장
	PVI	■					전자종이 사업에 집중
	WINTEK	■					2014년 회사 회생 절차에 들어감
	PICVUE		■				
	EDT		■				
	NANYA		■				FPG 산하에 들어감
	ARIMA		■				ADC로서 액징 및 OLED 사업 진출
	Giant Plus		■				2016년 철판 인쇄 등에 인수됨
	RiT Display			■			OLED 사업 호조
	Univision			■			
	FORMOSA				■		FPG 산하에 들어감
	TECO			■			테코 전기
중국	SVA-NEC	■					NEC와 SVA의 합병, 액정 생산 회사
	BOE	■					LCD, OLED 패널 제조 분야의 주요 기업으로 성장
	난징신화일	■					
	길림북방채정	■					
	인포비전	■					액정 사업에 적극적으로 진출 중
	티엔마(Tianma)		■				액정·OLED 사업 강력하게 추진 중
	TRULY		■	■			OLED 사업 강력하게 추진 중
	필립스		■	■			중국 시장에 적극적으로 진출. 액정·OLED 사업 또한 지속 중
	YEEBO		■				
	SMARTEK		■				
	JIC		■				
	BYD		■				사업 매각
	상해 마츠시타 플라스마				■		PDP 사업 중단
	채홍				■		액정 사업 적극 추진
	VISINOX			■			OLED 사업 적극 추진
그 외	구덕과기			■			
	AFPD	■					
	Varitronics		■				

※ 불명확한 내용은 빈칸 처리

서 손을 뗐고, 현재는 중국과 한국에서 디스플레이 패널을 구입해 TV 나 스마트폰과 같은 디스플레이 제품을 만들고 있다.●

일본에서 지금도 디스플레이 패널을 개발하고 제조 및 생산이 가능하며 시장 경쟁력을 갖춘 기업은 소니와 도시바, 히타치 제작소의 LCD 사업을 통합해서 탄생된 재팬디스플레이Japan display 정도다. 하지만 이마저도 애플Apple의 지원 없이는 매우 어려운 상황이다.

"액정은 역시 샤프"라는 캐치프레이즈로 전 세계를 석권한 '샤프'는 대만타이완의 전자제품 업체, 폭스콘홍하이에 인수되어 가전제품 분야에서는 부활의 조짐이 보이고 있지만, 카메야마 브랜드샤프의 LCD TV 브랜드 이름 모티브가 된 미에현 카메야마 시의 샤프 공장에서는 LCD 패널 생산을 중단한 상태다.

하지만 OLED의 경우 재팬디스플레이, 소니, 파나소닉의 OLED 사업을 통합해서 설립한 JOLED제이올레드가 힘을 내고 있다. 이시카와 현과 이나치바 현에 OLED 패널 제조공장을 연이어 설립 중이며 2020년 이후에는 해당 공장에서 제조된 OLED 패널을 다양한 디스플레이 제품에 적용한 라인업을 공개할 예정이니, 앞으로의 동향은 아무도 알 수 없다.

● 한국의 삼성전자와 LG디스플레이는 2000년대 중반부터 LCD 패널 생산을 주도해왔으며, 2010년대 후반부터는 OLED 패널 생산에 주력하고 있다. 현재 스마트폰과 IT기기용 중소형 OLED 패널은 삼성디스플레이가 주도하고 있으며, TV용 대형 OLED 패널은 LG디스플레이가 앞서나가고 있다. 한편 중국의 BOE, CSOT 등이 2010년대 이후부터 LCD 패널 생산에 참여하기 시작하여 현재는 LCD 패널 생산 점유율의 과반 이상을 차지하고 있으며, OLED 패널 생산에도 공격적인 투자를 이어나가고 있다.

8-3 디스플레이 시장 상황

일반적으로 디스플레이 패널의 시장 점유율은 디스플레이 제품의 시장 점유율로 논한다. 여기서는 PC용 LCD 디스플레이 모니터를 예로 들어 시장 상황을 이야기해 보자.

PC가 보급되기 이전에는 가정용 TV만이 디스플레이 시장의 상황을 확인할 수 있는 유일한 기준이었다. 하지만 지금은 가정용 TV뿐만 아니라 PC용 모니터에 탑재된 디스플레이 패널의 개수가 급격하게 증가하고 있다. 이번 장에서는 LCD 디스플레이를 예로 들어 판매 현황을 살펴보자.

판매 실적

PC 본체만의 판매 실적은 계속 부진한 상황이지만 LCD 디스플레이 모니터의 판매는 호조를 보이고 있다. 그림은 판매 대수와 평균 화면 크기를 나타낸 그래프이다. 판매 대수는 3년 전보다 두 배 가까이 증가했다는 것을 알 수 있다.

그리고 판매 대수와 마찬가지로 모니터 화면 크기도 점점 커지고

● **액정 디스플레이 판매 대수와 평균 화면 크기 관련 추이**

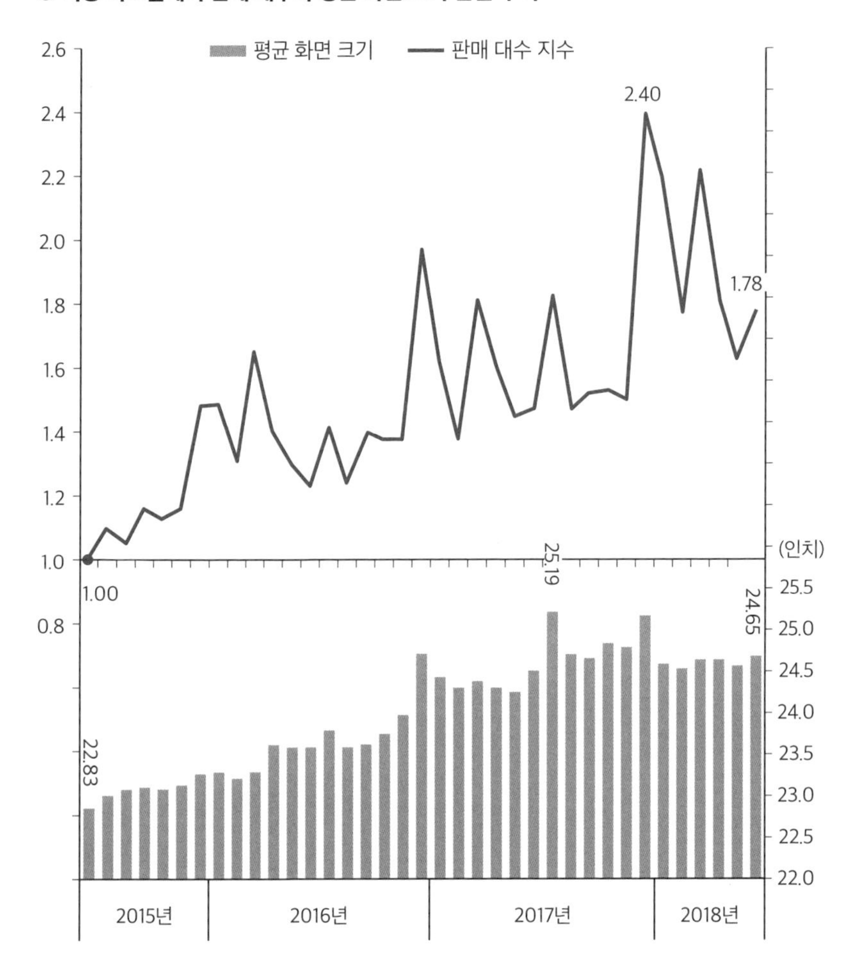

있는데 2017년 7월 기준, 평균 크기는 25.19인치를 정점으로 그 이후 화면 크기에는 큰 변화는 나타나지 않았다. 따라서 모니터의 화면 크기는 25인치 전후 크기가 정착화된 것처럼 보인다.

PC 모니터 시장이 급성장하고 있는 요인으로는 LCD 디스플레이의 발전 및 확장과 TV 대신에 다른 디스플레이 제품 사용 이용도가 증가하고 있다는 점을 들 수 있다. PC를 사용해서 동영상 편집과 PC 게임을 즐기는 게임 인구의 증가로 인해서 노트 PC나 모니터를 두 개 이상 사용하는 경우가 늘어나고 있기 때문이다.

그리고 TV를 대체할 수 있는 다른 디스플레이 제품의 경우, 제품 디자인이 소비자들의 매력을 끌거나 화질 특성이 우수한 특히 고해상도 디스플레이 제품이 대거 출시되면서 TV가 아닌 비교적 저렴한 가격으로 구매가 가능한 LCD 디스플레이로 가정용 게임기가 인기를 끌고 있다.

LCD 디스플레이는 처음에는 PC와의 연관성이 밀접했지만 지금은 LCD 디스플레이 자체로서의 새로운 활용처가 점점 늘어나고 있다. 이러한 점에서 LCD 디스플레이는 당분간은 안정적으로 수요가 증가할 것으로 예상된다.

판매 점유율

LCD 디스플레이 제품이 시장에서 호조를 보이는 가운데 기업들의 시장 점유율 다툼은 점점 더 격화되고 있는 듯하다. 지난 2년간 일본 상위 디스플레이 제조회사들의 움직임을 보면 6개 회사가 10~20% 전후의 점유율을 가지고 경쟁하고 있다. 그중 업계 최상위권 회사들은 아이오데이터기기I-O DATA DEVICE, 벤큐BenQ, 아수스ASUS 등이다. 여기에 LG전자와 일본의 에이서Acer가 치열하게 추격하고 있으며, 시장 점유율이 언제 역전될지는 아무도 모른다.

● 액정 디스플레이 제조업체별 판매 점유율

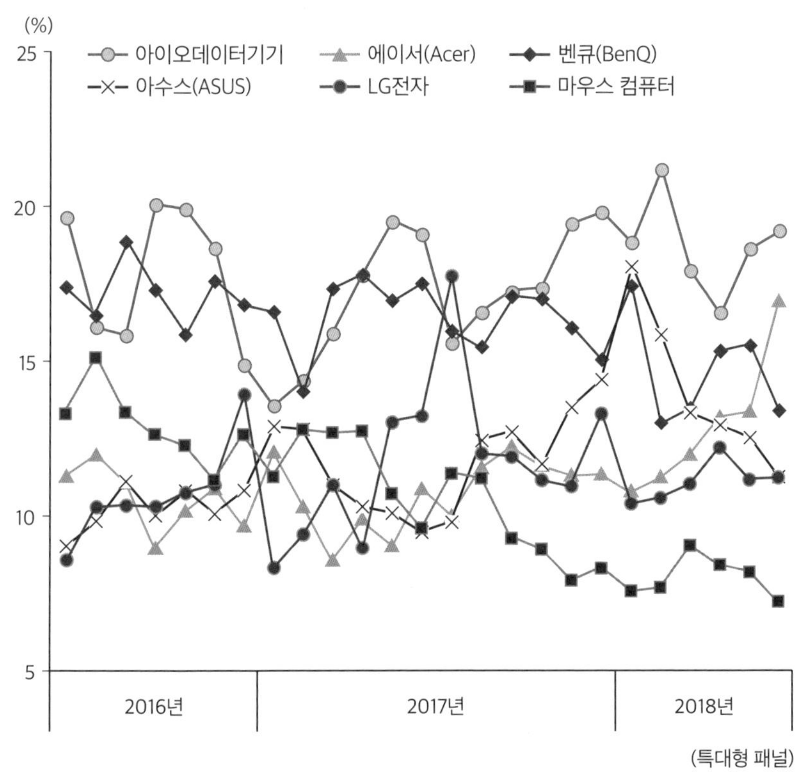

출처 : BCN+R

8-4

디스플레이 관련 부품 제조업체들의 시장 점유율

전 세계 디스플레이 시장 상황을 파악하기 위해서는 디스플레이 패널의 시장 점유율을 아는 것이 매우 중요하다. 여기서는 디스플레이 패널 시장 점유율을 패널 크기에 따라서 살펴보자.

이미 이야기한 바와 같이 디스플레이에는 여러 종류가 있는데, 일본의 경우 TV, PC, 스마트폰 등의 분야에서는 LCD 디스플레이의 시장 점유율이 가장 높다. 플라스마PDP 디스플레이는 TV에만 사용되다가 지금은 시장에서 자취를 감췄다. 하지만 최근에는 OLED 디스플레이가 대두되면서 디스플레이 시장 점유율에도 변동이 생기고 있다.

액정 패널 시장 점유율

오른쪽 그림은 대형 및 중소형 디스플레이 패널 중 LCD 패널과 OLED 패널 점유율이 어떻게 변해왔는지 나타내고 있으며 가까운 미래에는 어떠한 변화가 일어날지 예측한 내용이다. 2018년은 전망치고 2019년 이후는 예측치인데 스마트폰용 OLED 패널 사용량이 증가하고 있는 최근의 상황만 봐서는 중소형의 경우, OLED가 조만간 LCD

● **LCD 패널과 OLED 패널 출하대수 관련 추이**

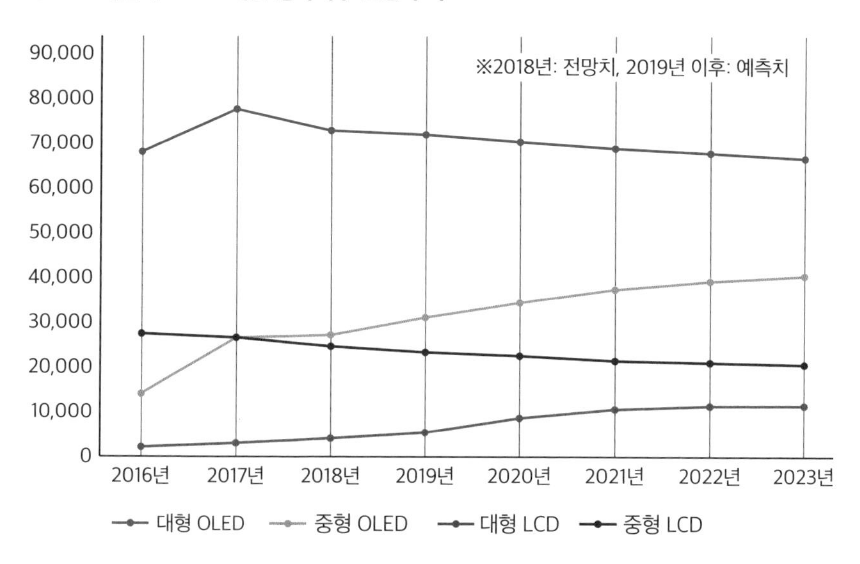

를 추월할 것이라 예측된다. 대형 패널의 경우 아직은 LCD 비중이 더 크지만, OLED 패널 가격이 내려가게 되면 그 차이는 점점 더 좁혀질 것이다.

뒤 페이지의 원그래프는 대형, 중소형, 스마트폰형 LCD 패널 제조 회사별 시장 점유율을 나타낸다. 10년 전 대형 또는 중형 패널의 경우 일본 기업의 점유율이 높았지만 지금은 한국과 중국 업체들이 시장 점유율을 대부분 차지하고 있다. 소니, 도시바, 히타치 제작소 등의 LCD 사업을 통합해서 출범한 JDI Japan display가 중소형과 스마트폰형 LCD 패널 사업에서 노력하고 있지만 상황이 여의치 않다. 한편 대만 타이완의 폭스콘 홍하이에 인수된 샤프의 LCD 디스플레이 사업은 대만의 공장에서 생산하는 LCD 패널을 판매 중이다.

OLED 디스플레이 시장 점유율

OLED 패널은 삼성디스플레이와 LG디스플레이가 세계 시장의 90% 이상을 점유하고 있다. 즉, 가전제품 판매점에서 판매 중인 OLED TV의 OLED 패널은 대부분 한국 제품이라는 의미이다. 예전이나 지금이나 일본에서 TV는 소니 또는 파나소닉 제품이 인기이지만 10여 년 전과는 다르게 TV에 사용되는 패널은 한국 제품이 대부분이다.

하지만 LCD TV, OLED TV 모두 패널의 품질이 곧 TV 제품의 화질로 직결된다고는 말할 수 없다. 같은 패널이라도 화질을 튜닝하기 위한 프로세서 혹은 튜닝 기술에 따라서 제품의 완성도는 달라지기 때문이다. 일본에서 아직까지도 소니 또는 파나소닉 TV 제품이 인기를 끄는 이유는 오랜 세월 축적해온 TV 제조기술과 노하우가 제품 제조에 녹아들어서 고화질을 비롯한 고품질 TV 제품을 만들고 있기 때문이다.

OLED 패널의 경우 한국에 주도권을 내준 건 사실이지만, OLED 디스플레이 재료를 이야기하면 상황은 완전히 달라진다. OLED 디스플레이용 재료 시장 규모는 2020년 약 3500억 엔에 달했으며 일본의 이데미쓰코산, 스미토모화학, 한국의 덕산네오룩스 등에서 절반 이상의 시장 점유율을 차지하고 있다. 그리고 독일의 머크, 미국의 다우듀폰, UDC 등에서 나머지 절반에 가까운 시장 점유율을 보인다. 즉 일본, 한국, 독일, 미국 등이 OLED 재료 시장을 나눠 가지고 있다고 볼 수 있다.

하지만 이러한 상황이 언제까지 지속될지는 아무도 예측할 수 없다. 언젠가는 대만, 중국 등이 시장에 진입하려고 할 것이다.

● **시장 점유율**

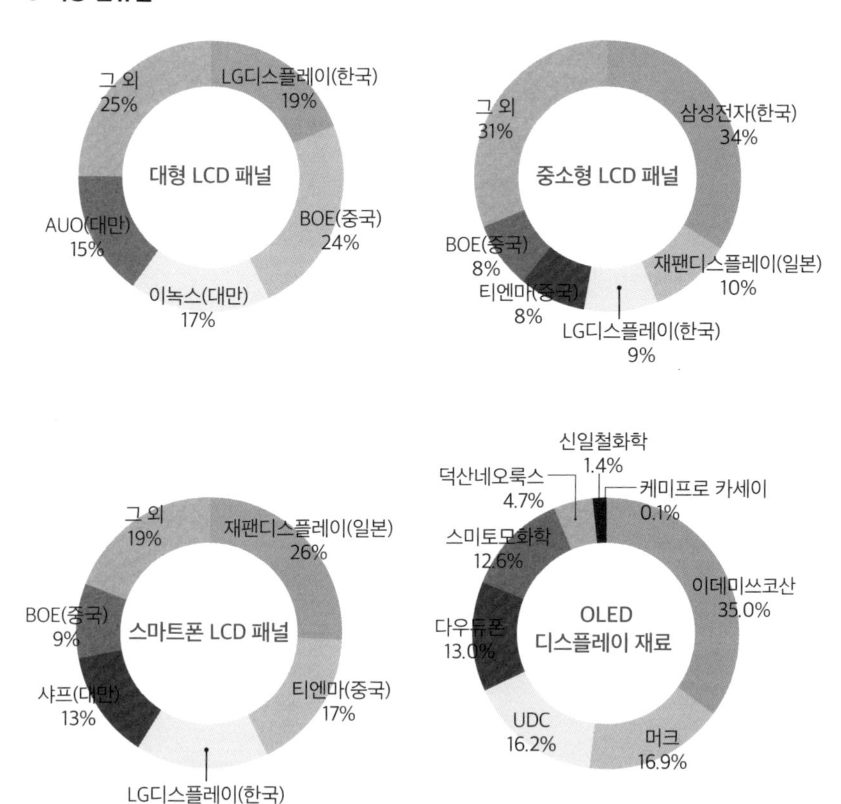

대형 LCD 패널
LG디스플레이(한국) 19%
BOE(중국) 24%
이녹스(대만) 17%
AUO(대만) 15%
그 외 25%
중소형 LCD 패널
삼성전자(한국) 34%
재팬디스플레이(일본) 10%
LG디스플레이(한국) 9%
티엔마(중국) 8%
BOE(중국) 8%
그 외 31%
스마트폰 LCD 패널
재팬디스플레이(일본) 26%
티엔마(중국) 17%
LG디스플레이(한국) 16%
샤프(대만) 13%
BOE(중국) 9%
그 외 19%
OLED 디스플레이 재료
신일철화학 1.4%
덕산네오룩스 4.7%
케미프로 카세이 0.1%
스미토모화학 12.6%
이데미쓰코산 35.0%
다우듀폰 13.0%
UDC 16.2%
머크 16.9%

최근 전기, 전자제품은 전자소자의 다양한 전기적 특성을 활용하여 다양한 기능의 사용이 가능해졌다. 이를 부가가치로 제품에 적용하여, 제품을 홍보함과 동시에 가격 상승의 요인이 되고 있다.

이러한 부가가치를 만드는 여러 가지 기능들이 우리가 사용하는 전자제품에 정말로 필요할까? 냉장고 터치패널에는 많은 버튼이 있으며 터치 방식에 따라서는 '급속냉동'과 '절전모드'를 동시에 작동시킬 수 있다.

휴대전화, 스마트폰은 이러한 부가가치의 기능을 총망라한 대표적인 제품이다. 필자를 포함해서 노인들은 이런 기능을 모두 사용하기엔 힘에 부친다. 마치 스마트폰을 제대로 사용하기 위한 인공지능이 따로 필요한 상황 같다. 이러한 점에서 아직도 예전의 구형 폴더폰이 더 편리하고 좋다는 사람들이 많은 듯하다.

부가가치의 기능은 사용을 제대로 해야 의미가 있다. 사용하지 않는 부가가치의 기능은 전자제품의 사용을 더 힘들게 만들 뿐이다. 전자제품에서 부가가치 기능들은 선택 옵션으로 넣어두고 나중에 사용하고 싶을 때 결정해도 늦지 않을 것 같다.

8-5

디스플레이 관련 부품 제조업체 수익 현황

LCD 패널의 경우 한국과 중국 업체들에 시장을 이미 넘겨줬지만, 관련 부품 분야에서는 일본 업체가 높은 시장 점유율을 차지하고 있다. 이에 대해 알아보자.

관련 부품 시장 동향

일본은 디스플레이 패널 생산량 부분에서는 한국과 중국, 대만에 뒤처진 상황이지만 디스플레이 부품 생산량에 있어서는 현재와 미래에도 건재할 것으로 보인다.

LCD 디스플레이 분야에서는 디스플레이 제조업체들이 치열한 경쟁을 벌이지만 그 뒤에서는 디스플레이 패널 제조에 필요한 부품 판매로 매출을 올리는 일본 업체들을 볼 수 있다.

뒤 페이지 그림은 LCD 디스플레이 제조에 필요한 부품들을 제조하는 업체들의 부분별 매출 이익율 및 매출 이익 증가율을 정리한 내용이다. 터치패널을 생산하는 닛샤프린팅, 편광판을 생산하는 니토덴코 등, 높은 영업이익을 내는 업체들이 많다. 또한, 편광판 보호에 사용되는 TAC 필름tri-acetyl-cellulose film을 제조하는 후지필름도 액정 분야에서 수익을 내는 기업 중 하나다.

이렇듯 높은 수익성을 낼 수 있는 이유는 바로 관련 부품 시장을 독점했기 때문이다. 일본은 그동안 TV나 TV용 패널 같은 소비자와 직접 관계가 있는 전방사업 분야downstream field에서는 삼성그룹과 LG그룹 등 2강 체제로 이루어진 한국산 제품의 선전에 더해 중국, 대만산 제품들과 경쟁해야만 했다. 그런데 부품의 경우는 상황이 많이 다르다. 각 부품마다 전문업체들이 시장을 독점하고 있다. 예를 들어 액정분자는 독일의 머크, 일본의 JNC가 약 90% 이상의 시장 점유율을 차지하고 있다. 유리기판이나 편광판도 두세 개의 대형 제조업체들이 시장 점유율의 대부분을 차지하고 있다.

어떻게 LCD TV 부품 분야에서 업체들의 독점이 가능할 수 있었을까? 여기에는 각 제조업체가 LCD 관련 부품 이외의 '본업'을 가지고 있다는 특징이 있다. 예를 들어, 다이니폰프린팅은 원래는 인쇄업체이며 정밀 잉크 프린팅 기술을 응용해서 LCD 부품 분야에 진출했다. 닛샤프린팅 역시 프린팅 기술을 터치패널 분야에 적용하여 기존의 터치패널 재료였던 글래스를 필름으로 대체하는 데 성공했다.

많은 부품이 기술적 난이도가 높기 때문에 신흥 제조업체들이 쉽게 진입하기 어렵다는 점도 기존업체가 시장 독점을 유지하게 만들었다. 일본 부품업체에서 일하는 사람들은 '부품 제조 장비를 구매하고 관련 기술자들을 채용하면 신생업체라 해도 어느 정도 부품을 개발하고 생산하는 수준에 이를 수 있을 것'이라고 말한다. 하지만 일본 업체들이 생산하는 부품은 화학 물질처럼 개발 제조 및 생산까지 철저한 보안 정책과 관련 특허로 보호받고 있다. 단순히 제조 장비를 구매하

● **디스플레이 관련 부품 업체 현황**

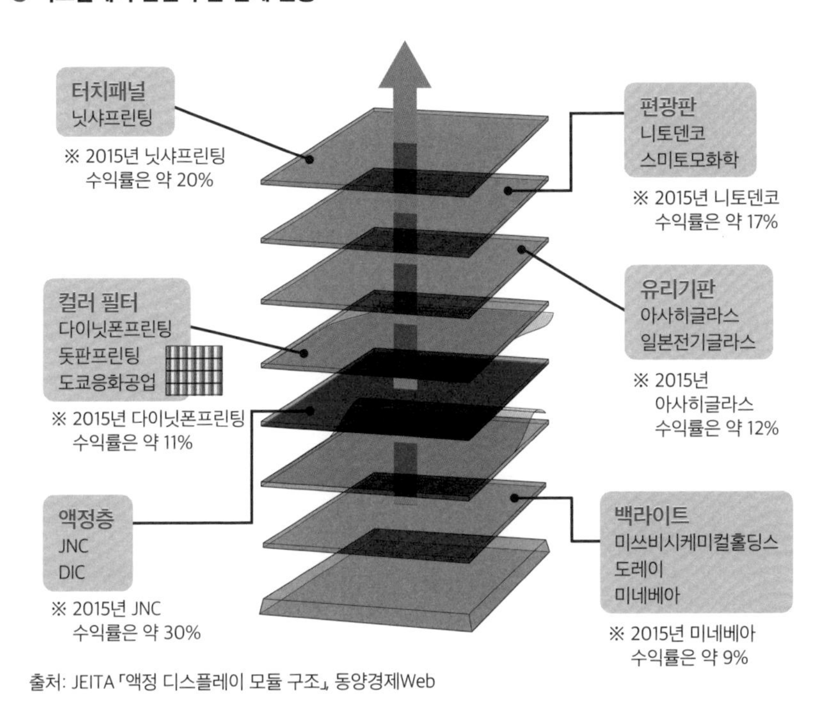

출처: JEITA 「액정 디스플레이 모듈 구조」, 동양경제Web

고 관련 인력을 데려온다고 해서 흉내낼 수 없다고 생각한다.

또한, 대부분의 부품이 제조 장비를 요구하는 장치 산업이라는 점도 큰 의미를 갖는다. 글래스나 필름 제조에는 거대한 고가의 제조 장비가 필요하다. 이것 또한 신생업체가 시장에 쉽게 뛰어들기 어려운 이유가 되고 있다.

지식+

일본에서 프린팅 방식을 적용한 OLED 패널을 드디어 양산

일본의 LCD 및 OLED

브라운관 TV가 유행할 때, 일본 업체들은 트리니 트론관(소니), 다이아몬드 트론관(미쓰비시전기) 등 우수한 특성의 컬러 브라운관을 생산하여 세계 TV 시장을 석권했다. LCD TV, 플라스마(PDP) TV도 마찬가지였으며, 기술의 태동기부터 보급기에 이르기까지 기술력이 뛰어난 일본 업체들이 세계 디스플레이 산업을 이끌어왔다. 하지만 지금은 한국과 중국의 업체들에게 주도권을 내주고 있다.

소니와 도시바, 히타치 제작소에서 LCD 디스플레이 사업을 통합하여 설립한 JDI(Japan display)가 일본에서의 LCD 산업을 끝까지 지키려고 고군분투하고 있지만 디스플레이 패널 수주량 중 약 40%가 아이폰형이며 앞으로 아이폰도 OLED 패널 사용이 늘어날 것이 확실하기 때문에 어려운 싸움을 해야 할 가능성이 높다.

그런 가운데 일본의 OLED 산업은, 소니와 파나소닉의 OLED 개발 부분을 통합해서 설립된 JOLED(제이올레드)가 2019년 11월에 이시카와 현 노미 사업장에서 프린팅 기술을 적용하고 가격 면에서도 경쟁력 있는 'RGB 프린팅 방식' OLED 디스플레이 패널 양산 라인 가동을 시작했다. 같은 방식을 적용한 제품은 2017년부터 출하되고 있었지만, 본격적인

● JOLED 노미 사업장

● **노미 사업장 OLED 디스플레이 양산 라인**

포토리소그래피
(Photolithography)

인라인 저장소

유리기판 투입

양산 라인을 통한 생산은 2019년 11월부터이다.

노미 사업장의 양산 능력

지상 5층 건물, 부지면적 약 10만m^2를 자랑하는 노미 사업장에 구축된 OLED 패널 양산 라인은 1300×1500mm(유리기판 사이즈: 5.5G)의 유리기판을 투입해서 OLED 디스플레이 패널을 월 2만 장 생산할 수 있다. 생산 품목은 10~32인치의 중형 디스플레이 패널이며 타깃 제품은 하이엔드 모니터, 의료용 모니터, 그리고 차량용 디스플레이 등이다.

JOLED가 생산하는 OLED 디스플레이를 탑재한 제품으로는 2019년 9월에 아수스에서

● ASUS 발매 21.6인치 OLED 프로페셔널 모니터, ProArt PQ22UC(왼쪽)
EIZO 발매 21.6인치 OLED 엔터테인먼트 모니터, FORIS NOVA(오른쪽)

발매한 21.6인치 OLED 모니터, 'ProArt PQ22UC'가 있다. 이 전문가용 모니터는 만반의 준비를 하고 2018년에 발매되었고, 판매 가격이 60만 엔이었다. 전문가용이라고는 하지만 관련 모니터 제품 중에서도 하이엔드 모델에 속하기 때문에 가격대가 높게 책정되었다.

그로부터 약 한 달 뒤에는 디스플레이 제조업체인 에이조(EIZO)에서 'FORIS NOVA'라는 21.6인치 OLED 모니터를 출시했다. 이 제품은 '고화질 영상 콘텐츠를 즐기기 위한 엔터테인먼트 모니터'라는 포지션으로, 가격은 35만 엔이었다. 지금까지 JOLED 디스플레이는 파일럿(Pilot) 생산라인에서 만들어져서 공급 수량이 한정적이었지만, 노미 사업장에서 월 2만 장 생산이 가능해진 이후부터 전보다 합리적인 가격의 디스플레이 제품이 나오리라 기대해본다.

RGB 프린팅 방식의 장점

OLED 프린팅 방식의 원리에 관해 이미 앞에서 간단히 설명했지만, 여기서 좀 더 자세히 프린팅 기술 그리고 가격 면에서 왜 유리한지 이야기해보자.

아시다시피 OLED 패널은 몇 가지의 제조 방식이 존재하며 한국의 삼성디스플레이는 'RGB 증착', LG디스플레이는 '백색(화이트) 증착'이라는 제조 방식을 사용하고 있다. RGB와 백색은 '발광 방식'을 의미하며 증착은 '제조 방식'을 말하는데 RGB 증착 방식은 중형 사이즈(20인치) 이상의 패널을 제조하기에 여러 가지 난제가 있다. 따라서 지금 중소형

● **RGB 인쇄 방식의 공정 이점**

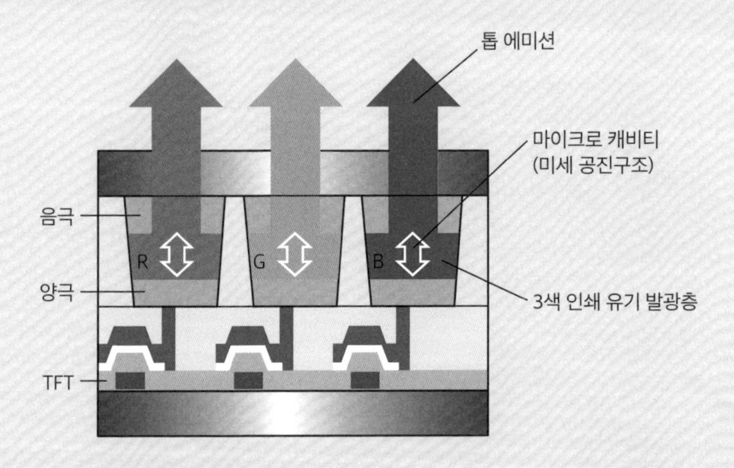

OLED 시장은 RGB 증착 방식을 사용하는 삼성디스플레이, 대형 OLED 시장은 백색 증착 방식을 사용하는 LG디스플레이가 OLED 패널 시장을 각각 점유하고 있다.
이에 반해서 JOLED가 적용 중인 RGB 프린팅 방식은 중형 이상의 OLED 패널 생산에도 적용할 수 있다. JOLED는 파나소닉이 보유하고 있던 RGB 프린팅 방식의 연구 및 개발 내용을 내재화했고 소니의 OLED 연구와 개발 내용을 포함시켜 OLED 패널 사업을 가속화했다. 그 성과가 2017년 이후부터 발매된 제품 그리고 노미 사업장의 양산 라인에서 활용되고 있다.
이러한 RGB 프린팅 방식은 가격 면에서도 RGB 증착 방식이나 백색 증착 방식보다 우수하다. RGB 프린팅 방식은 대기압(상압) 환경에서도 OLED 소자 제작이 가능하기 때문에 진공 장치 또는 증착 방식에서 RGB 패터닝을 위한 파인 메탈 마스크(fine metal mask)를 사용하지 않아도 된다. 그리고 프린팅이 필요한 부분만 따로 발광 유기 재료를 도포할 수 있기 때문에 재료 사용 효율이 증착 방식 대비 훨씬 우수하다. 더 나아가 동일한 인쇄 헤드를 사용해서 다른 크기의 OLED 패널 제작이 가능해서 다양한 크기의 패널 생산에 대응이 가능하다. 즉, 생산 공정이 증착 방식에 대비해 간단하고 저가이기 때문에 그만큼 제품의 가격을 낮추기에 아주 유리하다.
노미 사업장의 양산 라인이 막 가동을 시작했기 때문에 지금 당장은 어려울지도 모르지만

● **RGB 인쇄 방식의 가격적인 이점**

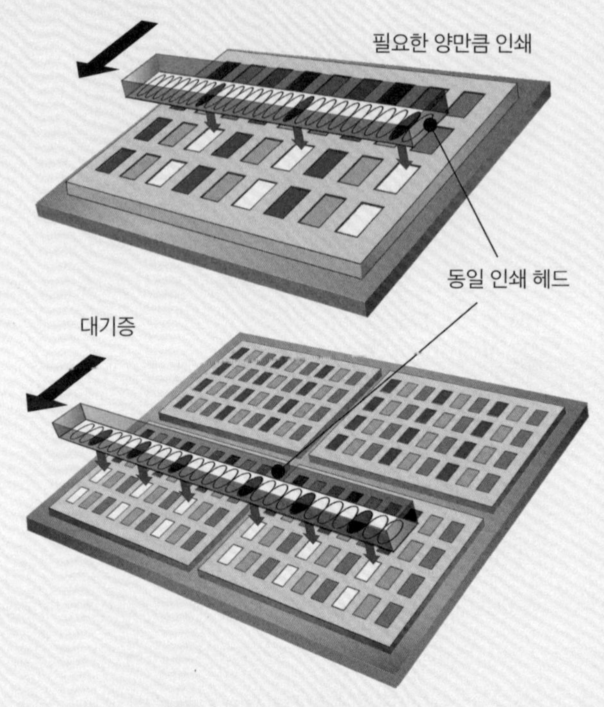

JDLED의 RGB 인쇄 방식은 백색 증착 방식 또는 RGB 증착 방식에 비해 대기압 환경에서 제조할 수 있기 때문에 신공 장치 또는 파인 메탈 마스크가 필요없다. 때문에 생산 효율이 높고 또한 증착 방식에 비해 필요한 부분에만 재료를 도포하기 때문에 재료 사용 효율이 좋으며 나아가 동일 인쇄 헤드로 다른 사이즈의 패널을 만들 수 있다는 점에서 사이즈 확장성이 높다는 장점을 가진다.

어느 정도 생산이 안정화된다면 프린팅 방식의 OLED 패널을 채택한 디스플레이 제품을 가까이에서 만나볼 수도 있을 것이다.

OLED 플렉서블 시트 제조

노미 사업장에서 OLED 패널 양산 라인이 가동될 당시, 32인치, 27인치 OLED 패널뿐만 아니라 21.6인치 OLED 디스플레이용 플렉서블 시트(flexible sheet)도 함께 공개되었다. OLED는 액정과는 달리 패널을 접거나 구부리는 게 가능하다. 이러한 형태를 '플렉서블(flexible) 디스플레이'라고 부르는데, JOLED에서는 이러한 플렉서블 디스플레이에 관한 연구와 개발을 진행하고 있었으며 제품화했을 때의 형태, 즉 시제품을 전시한 것이다. 플렉시블 디스플레이에서는 유리기판 대신 플라스틱 필름기판을 사용하여 둥글게 만들거나 접을 수 있는데, 이러한 형태에서도 패널 특성을 잘 유지하기 위해서는 패널에 연결

● 32인치 OLED 디스플레이(왼쪽)와 27인치 OLED 디스플레이(오른쪽)

● 21.6인치 OLED 디스플레이 시트

된 박막 트랜지스터(thin film transitor, TFT)에 높은 전류를 흘려보내야 한다. 이와 관련해서도 JOLED에서는 OLED 패널의 저소비전력 구동을 위한 충분한 전하 이동도를 갖는 저온 폴리실리콘(LTPS, Low Temperature Poly Silicon) 제조기술을 보유하고 있다. 또한, 대형 OLED 패널에 사용이 가능한, 큰 면적에 균일하게 막을 형성하기 쉬운 투명 아몰퍼스 산화물 반도체(TAOS, Transparent Amorphous Oxide Semiconductor) 재료를 사용한 'TAOS TFT'라고 하는 새로운 박막 트랜지스터를 개발 중이다. 플렉서블 OLED 패널의 제품 적용은 이미 시작되었으며, 앞으로 관련 기술의 많은 발전이 예상된다.

JOLED는 일본 OLED 산업의 구세주가 될 것인가?

IT 사회에서 디스플레이 수요는 줄어들지 않을 것이다. 대형 TV의 경우 재구매 수요가 한풀 꺾이면 제품의 출하나 판매가 줄어드는 경향이 있지만 현재는 디스플레이가 TV뿐 아니라 데스크탑 PC, 태블릿 PC, 스마트폰, 스마트워치, 차량용 내비게이션, 차량용 블랙박스 등 수많은 전자제품, 장치나 설비 모니터에도 필수적인 표시장치가 되었기 때문에 수요는 점점 더 늘어날 것이다. 그리고 보다 고화질, 고해상도의 선명한 디스플레이로 발전해나갈 것이다.

예를 들어서 은행 ATM기기 화면의 경우, 옛날에는 간단하고 약간은 조잡한 디스플레이로 구성되어 있었지만 지금은 꽤 세련된 디자인을 가진 화면으로, 누구나 보기 쉬운 LCD 디스플레이로 바뀌었다. 하지만 LCD 디스플레이는 정면이 아닌 측면에서 보거나 햇빛이 반사되면 화면을 제대로 보기 어려운 경우가 있다. 만약 보다 선명한 OLED 디스플레이로 대체한다면 어떤 각도에서도 선명하게 잘 보이는 화면이 가능하다. 당장은 어렵더라도 OLED 디스플레이 시장이 커지고 패널 생산량이 많아지면 가격 경쟁력도 더 좋아지고, 그렇게 되면 OLED 디스플레이를 사용하는 것이 당연해지는 시대도 올 것이다. 그런 측면에서 기술에서나 가격적인 면에서 뛰어난 JOLED의 프린팅 방식 OLED는 OLED산업의 혁신적인 솔루션(break-through solution)이 될 가능성이 크다.

일본의 LCD 및 OLED 산업의 운명은 JDI나 JOLED의 앞으로의 발걸음에 달렸다고 할 수 있다. 일본에서 LCD와 OLED 제품을 다루고 있는 기업 관계자들은 이 두 회사의 동향을 주시하면 좋을 듯하다.●

(편집국/글)

● 일본의 중대형 OLED 패널 제조사인 JOLED는 2023년 3월 27일에 파산절차에 들어갔다고 보도가 되었다. 파산 이유는 프린팅 방식 OLED 패널의 안정적 수율 확보에 실패하면서 재무 건정성이 악화되어 더 이상 사업을 지속하기 어렵다는 판단에서라고 한다. JOLED는 본격적인 구조조정에 들어가서 노미, 지바 사업장을 폐쇄하고, 연구기술과 개발 부문은 JDI에 매각하기로 했다고 한다. JDI는 소형 OLED 패널을 생산하고 있지만 일부 워치용 패널을 제외하고는 글로벌 시장에서의 영향력은 미약한 수준이다.

참고문헌

1) 평판 패널 디스플레이 최신 동향, 이와이 요시히로, 고시이시 켄지, 마츠오 나오, 공업조사회(2005)
2) 도해입문, 최신 디스플레이 기술의 기본과 구조(제2판), 니시쿠보 야스히코, 히데카즈 시스템(2009)
3) 대화면, 박형 디스플레이의 의문점 100, 니시쿠보 야스히코, SB 크리에티브(2009)
4) 초분자화학의 기초, 사이토 가쓰히로, 화학동인(2001)
5) 눈으로 보는 기능성 유기화학, 사이토 가쓰히로, 강담사(2001)
6) 분자의 기능을 이해하는 10가지 이야기, 사이토 가쓰히로, 이와나미 서점(2008)
7) 색재, 안료, 색소의 설계와 개발, 사이토 가쓰히로 외, 정보기구(2008)
8) 유기EL과 최신디스플레이 기술, 사이토 가쓰히로, 나츠메(사)(2009)
9) 빛과 색채의 과학, 사이토 가쓰히로, 강담사(2010)
10) 입문 초분자 화학, 사이토 가쓰히로, 기술평론사(2011)
11) 알고싶은 유기화합물의 기능, 사이토 가쓰히로, SB 크리에이티브(2011)
12) 살아있는, 움직이는 유기화학의 이해, 사이토 가쓰히로, 베레 출판사(2015)
13) 분자집합체 화학, 사이토 가쓰히로, C&R 연구소(2017)

찾아보기

한 권으로 이해하는 OLED&LCD 디스플레이

초판 인쇄 2023년 6월 20일
초판 발행 2023년 6월 25일

지은이 사이토 가쓰히로
옮긴이 권오현, 오가윤

펴낸이 조승식
펴낸곳 도서출판 북스힐
등록 1998년 7월 28일 제22-457호
주소 서울시 강북구 한천로 153길 17
전화 02-994-0071
팩스 02-994-0073
블로그 blog.naver.com/booksgogo
이메일 bookshill@bookshill.com

값 18,000원
ISBN 979-11-5971-503-7